高等院校艺术设计类专业
案例式规划教材

建筑设计基础

■主编 乌兰 朱永杰

华中科技大学出版社
http://press.hust.edu.cn
中国·武汉

内容提要

本书以大量精美的图片和完整清晰的叙述方式，呈现出建筑设计的各个方面。本书共分为 7 章，分别介绍了建筑设计概述、环境与建筑设计、建筑的构成、建筑创意设计、建筑设计与空间的关系、场馆设计、建筑设计案例赏析，呈现了建筑设计领域内的广泛性与多元化。本书采用图文结合的形式，利于读者快速地学习和掌握。本书可作为高等院校建筑设计、艺术设计等专业的教材，也可作为相关方向设计师的参考读物。

图书在版编目（CIP）数据

建筑设计基础 / 乌兰，朱永杰主编．—武汉：华中科技大学出版社，2018.5（2024.7重印）

高等院校艺术设计类专业案例式规划教材

ISBN 978-7-5680-4024-2

Ⅰ.①建… Ⅱ.①乌… ②朱… Ⅲ.①建筑设计－高等学校－教材 Ⅳ.① TU2

中国版本图书馆CIP数据核字（2018）第077634号

建筑设计基础
Jianzhu Sheji Jichu

乌 兰 朱永杰 主编

策划编辑： 金　紫

责任编辑： 徐　灵

封面设计： 原色设计

责任校对： 何　欢

责任监印： 朱　玢

出版发行： 华中科技大学出版社（中国·武汉）　　电话：（027）81321913
　　　　　 武汉市东湖新技术开发区华工科技园　　邮编：430223

录　　排： 华中科技大学惠友文印中心

印　　刷： 广东虎彩云印刷有限公司

开　　本： 880mm×1194mm　1/16

印　　张： 11.75　　插页：8

字　　数： 286 千字

版　　次： 2024 年 7 月第 1 版第 3 次印刷

定　　价： 49.00 元

前言
Preface

　　建筑设计是指建筑物在建造之前，设计者按照建设任务，把施工过程和使用过程中所存在的或可能发生的问题，事先做好通盘的设想，拟定好解决这些问题的办法、方案，用图纸和文件表达出来，作为备料、施工组织，以及各种在制作、建造工作中互相配合协作的共同依据。建筑设计使整个工程得以在预定的投资限额范围内，按照周密考虑的预定方案顺利进行，并使建成的建筑物充分满足使用者和社会所期望的各种要求及用途。

　　在古代，建筑技术和社会分工比较单纯，建筑设计和建筑施工并没有很明确的界限，施工的组织者和指挥者往往也就是设计者。在欧洲，由于以石料作为建筑物的主要材料，建筑设计和施工通常由石匠承担；在中国，由于建筑以木结构为主，这两种工作通常由木匠承担。他们根据建筑物的主人的要求，按照师徒相传的行规，加上一定的创造性，营造建筑并积累了建筑文化。

　　在近代，建筑设计和建筑施工分离开来，各自成为专门学科。这一现象在西方从文艺复兴时期开始萌芽，到产业革命时期才逐渐成熟；在中国，则是清代后期在外来的影响下逐步形成的。

　　随着社会的发展和科学技术的进步，建筑所要解决的问题越来越复杂，涉及的学科越来越多，材料上、技术上的变化越来越迅速，单纯依靠师徒相传、经验积累的方式，已不能适应这种客观现实。加上建筑物往往要在很短的时期内竣工并投入使用，客观上需要更为细致的社会分工，这就促使建筑设计逐渐形成专业，成为一门独立的分支学科。

建筑设计是工程设计，也是艺术创作。它需要工程设计合理、科学，也需要工程作品美观、艺术。它要求建筑师要善于理性思维和形象表达，就像书画艺术家那样"得之于心，应之于手"。建筑设计基础不仅是跨入建筑设计门槛的"第一课"，同时也是迈开想象与实践步伐的第一步，是难能可贵的开始。

本书由乌兰、朱永杰担任主编，由班楚薇担任副主编。本书在编写中得到以下同事、同学的支持：余文晰、孙未靖、施琦、施艳萍、邱丽莎、秦哲、祁焱华、马一峰、罗浩、刘艳芳、卢丹、陆焰、李映彤、刘波、刘慧芳、刘敏、李吉章、李建华、李钦、柯亭、胡爱萍、高宏杰、付士苔、汤留泉，在此一并表示感谢。

编　者
2018 年 3 月

目录
Contents

第一章
建筑设计概述

学习难度：☆☆☆★★

重点概念：建筑概述、发展流派、图纸绘制

章节导读

　　建筑设计是建筑学专业的必修课程，它是建筑设计学的启蒙课程，主要任务是将学生带入建筑设计的领域，并具备一定的设计技能。因此，学习这门课程，不仅要了解建筑设计的基本概念，也要掌握相应的基本技能与方法。本章主要讲述了建筑设计的基本概念、建筑设计的起源与发展以及当代设计流派思想，带领读者初步认识建筑设计（图1-1）。

图1-1　罗马斗兽场

第一节
什么是建筑

一、建筑的词义

说起建筑，一般人就会说是"房子"。当你说自己是建筑学专业时，亲戚、朋友、同学与你谈论时就可能说，你以后是"盖房子的"。这不能说全错，但也不是全对，因为我们参与的并不是"盖房子"，而是在其过程中的一个部分——设计与规划。也有一部分人会说，你们是画外观的，因为他们了解学习建筑需要有一定的美术基础，但这也不是建筑的全部，更不要说是建筑的本质了。那么什么是建筑呢？法国哲学家狄德罗说过一句话"人们所谈论的最多的东西，每每注定是人们知道的很少的东西"，而建筑学就是其中之一了。在了解建筑学之前我们可以先理解两个英文的词义，一是"architecture"，一是"building"，前者是建筑学，后者是建筑物。我们通常讲的建筑，特别是专业上讲的建筑，实际上是建筑学（architecture）。

二、建筑观

建筑作为一种实践活动，贯穿了人类的整个历史。但是建筑作为一门学科单独存在的时间却不超过两个世纪。它是一个古老而又年轻的新兴学科，这个学科从它诞生起就一直受到自然与社会的挑战。

从古至今对建筑的认识可以分为三个时期。①早期是以美学为基础的古典建筑观（图1-2、图1-3）。人们认为建筑是艺术和技术的结合，并把艺术放在首位，甚至认为建筑就是一门艺术。②随着工业革命的开始，人们对建筑的认识有了进一步的理解，并且提出了很多新的需求，即新的功能，又产生了许多新的技术手段。在当时的工业社会中，所有产品都经过机械加工，按照一个标准化的生产过程，除去不必要的装饰，以产品功能为首要目标，并因此而产生一种独特的机械美和机能美，因此产生了现代建筑观（图1-4）。从20世纪20年代开始，这种现代主义建筑观逐渐传遍全世界。③而随着工业文明的发展，自然环境遭到严重破坏，人类的生活环境受到严重污染，人们开始意识到保护环境

图1-2　建筑剪影

图 1-3　凡尔赛宫

图 1-5　大别山庄

3

图 1-4　包豪斯校舍

图 1-6　生态酒店

与生态的重要，因此提出了以生态环境为基础的生态建筑（图 1-5、图 1-6）。

著名建筑赏析

米诺斯王宫

米诺斯王宫坐落于希腊克里特岛的克诺索斯，长 150 m，宽 100 m。殿主院的东西两侧都建有厢房，厢房的台阶向上延伸了四层楼高，并且建了采光孔、走廊、内院、大厅与起居室。早期发掘的泥板上镌刻的线性文字是古希腊文字的初创形式，证明克里特岛的米诺斯文明是希腊古典主义的先驱。这个宫殿也标志着东地中海各文明交叉繁衍，并且它也受到了埃及的影响（图 1-7）。

三、建筑的起源

建筑的产生最早是由于人们需要躲避恶劣的气候环境以及防御猛兽的需要。为了生存，人们用石块、泥土、树枝等建造庇护场所，这一行为可以看作是最早的建筑活动。

随着社会的不断发展，逐渐产生了国家与阶级，人们的活动变得日益丰富与复杂，逐渐出现了宗教、祭祀等公共活动，随之产生了各种建筑类型，如古代中国的宫殿、西方的剧场、神庙等（图 1-8 ～图 1-13）。

四、建筑的特性

建筑的目的在于为人们各种类型的

图 1-7 米诺斯王宫

图 1-8 中国故宫

图 1-10 帕提农神庙

图 1-9 雅典阿迪库斯露天剧场

图 1-11 埃及吉萨金字塔

图 1-12　美国白宫

图 1-14　大本钟

图 1-13　比萨大教堂

图 1-15　泰国大皇宫

活动提供相应的环境。人们对建筑有着功能与审美的要求，也就是要求建筑具备实际功能的同时，还要尽可能地美观。建筑和艺术相互关联，但又并非是纯粹的艺术，它还具有很强的实用性。建筑的发展不仅受到艺术的影响，同时也受到时代、社会与文化的影响（图 1-14 ~ 图 1-17）。

图 1-16　马来西亚传统建筑

五、建筑的类型

随着社会的发展，人们的生活需求日益丰富，因此而产生了各种不同功能类型的建筑物。按照不同的使用功能将其分为三大类：农业建筑、工业建筑与民用建筑（表 1-1）。

图 1-17　四合院

表1-1　建筑类型与内容

建筑类型	内　　容
农业建筑	养殖场、食品加工厂等
工业建筑	机械工业建筑、化学工业建筑、冶金工业建筑、建材工业建筑、电力工业建筑、纺织工业建筑、食品工业建筑等
民用建筑	公共建筑：办公建筑、商业建筑、医疗建筑、通信建筑、教育建筑等
	居住建筑：宿舍、住宅、别墅等

建筑的实质是空间，空间的本质是为人服务。

——约翰·波特曼

6

小贴士

建筑三要素

建筑的三要素是功能、技术、美观。其中最主要的就是功能，人们建造房屋的主要目的是满足生活需求，因此满足基本的功能要求已经成为了评判建筑作品好坏的前提。技术是指建造方法，包括建筑构造、材料、施工等各种技术因素。美观是人们对建筑的审美需求，即建筑的风格造型、空间细部、光影等形成的能够满足人们审美的艺术效果。

第二节
建筑设计概况

一、建筑设计的定义

设计指为了达成某个目的，根据限定的条件，制定实现目的的某种方法，以及最终确认结果的步骤。建筑设计是指为满足一定的建造目的而进行的设计。

二、建筑设计的特征

根据建筑设计的性质其特征可分为以下四点：创造性、协作性、生活性和综合性。

1.创造性

建筑设计是一种以技术为主的创造活动。建筑需要具备实用功能，而实现这一功能则需要一定的技术手段。同时建筑

设计也是人们日常生活中接触的视觉艺术的一种。建筑设计源自于生活，而创造性是设计活动的主要特点，其核心内容就是审美和艺术的表达，甚至可以说在某种程度上超过了功能的使用（图1-18、图1-19）。

2.协作性

建筑设计是典型的团队合作活动。当今社会的建筑规模日益扩大，功能逐渐趋于综合性与多样性。随着科学技术的发展，建筑分工逐渐细化，建筑设计形成了一种团队协作的方式，建筑师在设计活动中必须与其他专业的工程师密切配合才能顺利地完成设计工作。

3.生活性

建筑设计是追求平衡协调的生活性活

图 1-18　巴黎圣母院

图 1-19　哈利法塔

动。建筑设计的水平首先取决于建筑师的个人因素，如生活背景、审美爱好、思想与价值取向等，这些都会对建筑设计造成影响。同时，客户的性格、爱好也是影响建筑设计的另一个因素。因此我们说建筑设计是生活性的活动，建筑师必须协调各方面矛盾，找到社会经济与个性创作的平衡点，满足多元化的要求。

4. 综合性

建筑设计是一门综合性的学科。建筑设计涉及多个学科的知识，是多种学科的综合应用。因此要求建筑师既要具备艺术文化、心理哲学的人文修养，同时也要具备材料构造、建筑物理等技术知识。

著名建筑赏析

埃及金字塔

埃及的金字塔建于 4500 年前，是古埃及法老和王后的陵墓。陵墓是用巨大的石块修砌成的方锥形建筑，因形似汉字"金"字，故译作"金字塔"。迄今为止，在埃及发现的大大小小的金字塔有 100 座左右，大多建立于埃及古王朝时期。在已发现的埃及金字塔中，最大、最著名的是位于开罗西南面吉萨高地上的祖孙三代金字塔，它们是胡夫金字塔、哈夫拉金字塔和门卡乌拉金字塔。它们与其周围众多的小金字塔形成金字塔群，成为了埃及金字塔艺术的巅峰之作（图 1-20）。

图 1-20　埃及金字塔

第三节
当代设计流派和趋势

一、当代设计流派概述

建筑作为一种文化形式，其发展的历史就是建筑师不断探索创新的过程。随着社会的不断发展，建筑逐渐显示出其本身的复杂性和生命力，产生了纷繁的建筑流派，而这些建筑流派见证了建筑发展史的兴衰起伏。从早期的古典主义到现代主义，再到晚期的后现代主义及解构主义等。这些建筑流派的出现与发展体现了社会发展中各种思想的碰撞。

在这里我们将介绍现代主义、晚期现代主义、后现代主义与解构主义四个建筑流派。

1. 现代主义建筑

在20世纪30年代，随着现代工业的发展，为了满足社会需求，出现了以追求理性，注重功能的现代主义思想。现代主义建筑强调工业价值观，主张建筑要体现工业时代的特点，注重建筑的实用性，并且摒弃了传统建筑风格的束缚。现代主义的四位代表人物分别是勒·柯布西耶、路德维希·密斯·凡·德·罗、瓦尔特·格罗皮乌斯和弗兰克·劳埃德·赖特（图1-21 ~图1-24）。

小贴士

1911年，勒·柯布西耶完成了自己非正式的学习，也是被他称为"东方之旅"的第二次旅程。这次，他对纪念性建筑有了更深入的理解，开始关注建筑和文化的关系。他经过不断的观察与训练成为了记录日常生活的绘画大师，可通过绘画、写作等方式为建筑设计服务。

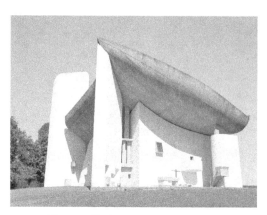

图1-21 勒·柯布西耶设计的郎香教堂

图1-22 密斯·凡·德·罗设计的巴塞罗那德国馆

图1-23 赖特设计的流水别墅

图1-24 勒·柯布西耶设计的萨伏伊别墅

2. 晚期现代主义建筑

晚期现代主义建筑延续了现代主义建筑的理论与风格，但在其形式上进行了改良与创造，在历史文化等方面寻求新的灵感。晚期现代主义强调建筑的理性与逻辑性，重视隐喻和象征手法的运用，夸张建筑物的结构与形象，力求使建筑具有娱乐感或审美的愉悦。晚期现代主义往往过分强调细部结构和某种感官形象，它将技术因素变为刻意的装饰因素，形成了一种"超现实"风格（图1-25）。

3. 后现代主义建筑

20世纪60年代出现的后现代主义建筑是以反对现代主义建筑的纯粹性和无装饰性为目的，以折中主义、符号主义和大众化的装饰风格为主要特征的建筑思潮。后现代主义以绚丽的色彩、复杂的装饰试图改变现代主义建筑风格。后现代主义的代表人物有罗伯特·文丘里、菲利普·约翰逊、麦克·格雷夫斯以及詹姆斯·斯特林等（图1-26～图1-29）。

图1-25 位于法国巴黎的蓬皮杜艺术中心

图1-26 文丘里设计的哈佛大学纪念堂

图 1-27 格雷夫斯设计的波特兰市政厅

图 1-28 菲利普·约翰逊设计的水晶大教堂

图 1-29 詹姆斯·斯特林设计的新斯图加特州立绘画馆

4.解构主义建筑

解构主义建筑是在 20 世纪 80 年代晚期兴起的。它的特别之处为破碎的想法、非线性设计的过程，有兴趣在结构的表面和明显非欧几里得几何上花点功夫，形成在建筑学设计原则上的变形与移位。解构的目的是结构的分解重构，强调结构的建构性。解构主义建筑打破了传统的整体秩序观念，转而强调变化与随机的统一，运用分解、重组、断裂、离散等非常规的创作手法来质疑传统的建筑形式、秩序和空间。解构主义建筑的代表建筑师主要有弗兰克·盖里、扎哈·哈迪德、彼得·艾森曼等（图 1-30 ~ 图 1-33）。

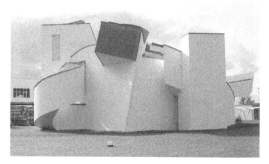

图 1-30 弗兰克·盖里设计的维特拉家具博物馆

图 1-31 弗兰克·盖里设计的古根海姆博物馆

图 1-32 扎哈设计的维特拉消防站

解构主义是对现代主义正统原则和标准批判地加以继承，运用现代主义的语汇，却颠倒、重构各种既有语汇之间的关系，从逻辑上否定传统的基本设计原则，由此产生新的意义。

图 1-33 扎哈设计的广州大剧院

当代建筑师的角色思考

小贴士

古罗马建筑师维特鲁威在《建筑十书》中耗费大量篇幅阐述建筑师的培养，他认为建筑师需要同时具备理论和技术，还提出了建筑师的修养要求，强调建筑师不仅要重视才华，更要重视品德，这些论点为后世的建筑师树立了楷模。

建筑存在的目的是为人所用，建筑的空间与人们的生活息息相关，因此建筑师应该热爱生活、理解生活，具有丰富的情感，要充分理解人们对建筑的心理要求，才能设计出适宜的建筑空间。

著名建筑赏析

罗马角斗场

罗马角斗场位于意大利首都罗马的威尼斯广场南面，是古罗马建筑的典型代表，也是古罗马帝国的象征。角斗场又名斗兽场。因它建立于弗拉维王朝时期，又被称为弗拉维露天剧场。这座椭圆形的建筑物是由维斯帕西安皇帝于公元72年开始修建，于公元80年隆重揭幕。角斗场是用于斗兽、赛马、竞技等的场所，用淡黄色巨石垒砌，占地面积约20000 m²，外部高约57 m，周长约527 m，椭圆长径约188 m，短径约155 m，四周可容纳观众约90000人。角斗场分为4层，1～3层由半露圆柱装饰，每两根半露圆柱之间即为一座拱门。第4层为长方形窗户和长方形半露方柱组成。场中心的竞技和斗兽处也呈椭圆形，长径为86 m，短径为57 m（图1-34、图1-35）。

二、当代建筑设计趋势

当今社会的建筑创作并没有绝对的主流，而是呈现出一种多元化的发展格局，各种新颖的设计理念层出不穷。其中人性化与感情化、信息化与智能化、民族性、综合性与可持续发展是当今建筑设计发展的新趋势。

1. 人性化与感情化

当代社会，人们不再满足于物质丰富的要求，而是迫切地表现出对密集生活领域的回避和对舒适健康生活环境的追求。而人性化的设计理念就是力图实现人与建筑的和谐共存，强调建筑对人类生理层次的关怀 —— 让人具有舒适感，也强调了建筑对人类心理层次的关怀 —— 让人具有亲切感。"以人为本"实际上就是从人的行为方式出发，体谅人的情感，实现人类对自身满足感的追求。人性化的理念贯穿于建筑的设计过程以及使用过程之中，包括建筑外部空间环境的愉悦性与舒适性，还包括建筑内部的开放性以及在空间设计中表达出对特殊群体（如行动不便者、老人、孕妇、儿童等）的人性化关怀（图1-36、图1-37）。

2. 信息化与智能化

随着新技术的推广与发展，人类产生了新的生活方式、思维模式与价值观念。

图1-34 罗马角斗场全景图

图1-35 罗马角斗场局部图

图1-36 无障碍卫生间

图1-37 公交站台座椅

现代通信技术的成熟和网络技术的普及使得人们的交往和工作都可以在网络上进行。人们通过网络体验的不仅是对现实的模拟与反映，而是一种全新的、独特的、无形的现实。信息化和智能化完全改变了传统的工作模式，建筑与信息技术的结合成为必然趋势。

3. 民族性

在全球化背景下各国文化趋同现象日益严重。民族文化和地方特色正逐渐被全球化浪潮吞噬，人们强烈地意识到了保护地域文化多样性的重要性与迫切性。创造具有地方特色的城市和建筑，有助于让人们获得归属感和荣誉感（图1-38 ～图1-41）。

4. 综合性

城市是一个具有增长性的复杂系统。如今在城市中已经很少能见到单一功能的建筑了，大多数城市广场与街道空间均具有综合性的功能。仅从建筑功能上来看，当前的趋势是向多元综合功能方向发展，即将原来分散的建筑功能集中于

图1-38 日本寺庙

图1-39 布达拉宫

图1-40　东南亚建筑

图1-41　北欧建筑

城市综合体是以建筑群为基础，融合商业零售、商务办公酒店餐饮、公寓住宅、综合娱乐五大核心功能于一体的"城中之城"。

一个混合型建筑，由此出现了越来越多的大型、巨型城市综合体（图1-42）。

5. 可持续发展

工业文明带来全球环境污染、能源短缺、生态失衡等现实问题，为应对此类问题，生态与可持续发展理念已成为当代城市与建筑发展的潮流。生态化与可持续发展设计源于对环境的关注和对资源的高效利用，具体表现为：对自然的索取少，对

自然环境的负面影响小；尽量采用无公害、无污染、可再生的建筑材料；研究能量循环途径的技术和措施，充分利用太阳能、风能等可再生能源，反对滥用非再生能源；注重自然通风、自然采光与遮阳；为改善小气候采用多种绿化手段，为增强空间适应性采用大跨度轻型结构；循环利用水资源；注重垃圾分类处理及充分利用建筑废弃物等（图1-43）。

图1-42　城市综合体

(a)

(b)

图1-43　生态建筑

著名建筑赏析

圣索菲亚大教堂

圣索菲亚大教堂位于土耳其伊斯坦布尔，有近1500年的历史，因巨大的圆顶而闻名于世，属于拜占庭式建筑。在1453年以前，它一直是拜占庭帝国的主教堂，此后被土耳其人占领。圣索菲亚大教堂为集中式建筑，东西长77 m，南北长71 m。它的布局属于以穹隆覆盖的巴西利卡式，中央穹隆突出，四面体量相仿但有侧重，前面有一个大院子，正南入口有两道门庭，末端有半圆神龛。中央大穹隆直径为32.6m，穹顶离地54.8 m，通过帆拱支撑在四个柱墩上。穹隆底部密排着一圈窗洞，共40个，教堂内部空间装饰有彩色玻璃镶嵌画。采用五颜六色的大理石地板，墙壁和廊柱用五颜六色的大理石装饰，柱头、拱门、飞檐处有雕花装饰。圣索菲亚大教堂是历史长河中遗留下来的最精美的建筑物之一，被很多艺术学家和历史学家评为世界第八大奇迹（图1-44、图1-45）。

图1-44　圣索菲亚大教堂外观

图1-45　圣索菲亚大教堂室内

第四节
设计图示的认识与表达

一般说来，在设计中文字是重要的表达工具。然而在建筑设计领域中，文字在表述具体形式细节时有局限性，因此建筑设计中主要的表达工具不是文字而是各种可视化的媒介。最常见的可视化媒介就是图示，例如人们熟悉的建筑平面图和立面图；而最直观的可视化媒介是建筑的模型，如中国传统木构建筑的交接比较复杂，此时建筑模型可以清楚地表达图示难以表达的关系。

一、建筑设计图示的认识与表达

1. 建筑图示的意义

图示是一种交流工具，与数学中的算式一样。对于建筑学来说，图示在建筑学科中无法用其他任何一种方式替代，因此，我们通常称图示为图示语言。

2. 建筑图示的分类

图示按照表达功能的不同有多种类别，例如，表达空间的平面图与剖面图，表达建筑形体关系的轴测图，表达建筑形式的透视图和立面图以及建筑构思与分析图等等。

3. 建筑图示的方式

建筑图示的方式分为三种：徒手制图（图1-46）、工具制图和计算机制图。其中工具制图是指用直尺、三角尺和丁字尺制图。画图需要精确的数值，因此在没有计算机的年代，用工具制图是表达准确性的重要手段，也是建筑师需要掌握的重要技能。如今计算机制图（图1-47）已经普及，工具制图已经逐渐被淘汰。然而由于计算机的制图空间是虚拟空间，它的依据依然是经典的工具制图标准，因此对于初学者来说，仍然有必要学习工具制图的方法，以便更好地打下基础（图1-48）。

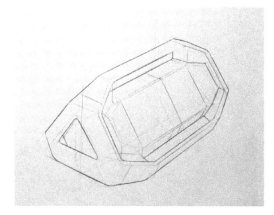

图1-46　手绘图示

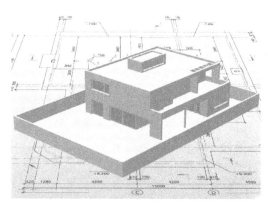

图1-47　软件图示

1）文字比例尺：　　1cm代表10m

2）线段比例尺：　0　10　20　30　40　50m

用直尺量度的长度是1cm

3）比例尺：　　　1：1000

图1-48　比例尺表示

计算机制图的分类

计算机制图分为两大类：一类是使用制图软件制图或者建模；另一类是基于数理建模软件，通过计算机编程实现建模。数理建模在可变性和丰富性方面远优于前者。

4. 建筑图示的比例

建筑图示最重要的就是比例，它需要根据实物大小按比例缩小才能绘制出来，因此比例尺几乎是建筑师每天都要使用的工具。对于初学者来说，从一开始就需要对比例尺有正确的认识。在多年的实践中，建筑专业内部已经形成了约定俗成的比例规范（表1-2）。

对于初学者来说，比例尺不仅仅是表达的工具，同时也是学习设计的工具。比如当使用1:200的比例尺绘图时，可以方便地思考抽象空间的问题，但是很难讨论建筑的质感及材料的问题，或者说很难意识到这个问题，因此，学会掌握比例尺的运用有助于引导自己在建筑设计方面的深入发展。

由于建筑师的工作大部分是设计，他们大部分时间都在面对比例缩小的建筑。因此，在学会使用比例尺的同时，必须意识到图纸与现实之间的差距。对于初学者来说，在学会用缩小比例尺的图示做建筑设计时，往往会将图纸上的建筑和真实的建筑混为一谈，忽略了真实的建筑。因此，建筑师应该更多地关注现实生活，注意体验实际建筑物与建筑图纸的差距，有意识地培养自己的能力（图1-49）。

表1-2 建筑比例尺

内　　容	比　例　尺
建筑总平面图	1:500
建筑方案图	1:200
建筑施工图	1:100
局部空间细化	1:50
建筑细部	1:20 或 1:10 ～ 1:5

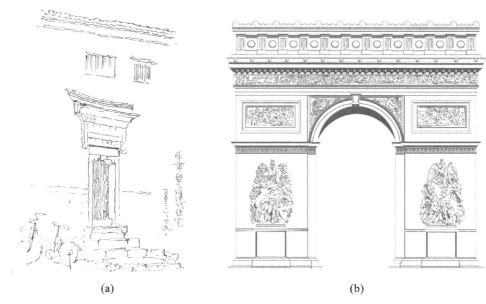

(a)   (b)

图1-49　不同比例尺下门的效果

勒·柯布西耶与"模度人"

1947年，勒·柯布西耶将一项称为"模度"的发明专利公之于众；1948年，他出版了讲述模度的发现历程的专著《模度1》，他提出的模度是"一个符合人体尺度的和谐的尺寸系列"，是一种"普遍适用于建筑和机械"等设计的"通用的尺寸系列"。勒·柯布西耶认为"模度是从人体尺寸和数学中产生的一种度量工具。举起手的人给出了占据空间的关键点：足、肚脐、头、举起的手的指尖。它们之间的间隔满足了被称为"费波纳契"的黄金比。而"模度人"是用来绘制模度的一种标准人体图形，具有理想化的、和谐的比例关系。

小／贴／士

二、建筑设计的模型表达

建筑模型是用一个缩小或者简化的三维物体表达另一个真实的三维物体，是所有表达中最为直接的一种方式。所以对于初学者来说，用模型表达建筑比用图纸表达要更容易理解。最早在建筑领域中使用的是实体模型，它不仅可以用来表达建筑，并且可以用于指导建筑施工。比如中国传统的建筑，先由大师根据建筑设计制作小比例的建筑模型，工匠们再依据模型的构件进行建造。在建筑设计的过程中，大多数的建筑师都是通过模型来研究复杂建筑的空间与形体（图1-50）。

尽管模型比较直观，但由于比例的

(a) 　　　　　　　　　　(b)

图 1-50　建筑模型

建筑模型有助于设计创作的推敲，可以直观地体现设计意图，弥补图纸在表现上的局限性。

差异，模型在某种程度上仍然不能满足设计研究的需要，而这个不足则在当今社会被计算机的虚拟模型弥补。在实际使用中，虚拟模型可以模拟静态和动态的真实场景，在专业人员和非专业人员之间建立了有效的沟通途径。虚拟模型的表达技术不仅可以帮助设计者理解自己的设计，也可以作为辅助设计研究的工具（图 1-51）。如在虚拟空间中，模型可以很方便地拆卸或者组装，便于分析建筑设计的空间和形体。将虚拟模型和实体模型相结合，对初学者来说非常重要。

三、建筑图示与文本表达

1. 概述

建筑设计的表达除了建筑图示与建筑模型之外，还有成果的展示。建筑设计的成果必须得到建设方、城市规划部门甚至普通民众的认可方可实施，因此建筑师必须具有一定的表达技能。表达的技能包括建筑图的展示、文字表达与文本制作。

2. 内容

图纸的展示要点是主题与表达相匹配。建筑方案的文本虽然以图片为主，但是此时图纸的意义就是建筑的图示语言。因此图纸要像写作中组织语言文字一样，

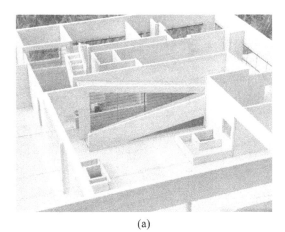

(a) 　　　　　　　　　　(b)

图 1-51　建筑模型细节

既要讲究段落结构，也要讲究语言优美。从结构方面来说，建筑文本的第一部分通常是讲述设计项目的需求、设计条件的优劣分析以及设计的解决方案；第二部分讲述场地问题和解决方法，该部分最重要的是建筑的总平面图以及相关的分析图（图1-52）；第三部分重点讲述设计方案，即建筑的平面图、立面图和剖面图等。如果有必要还需增加相应的重点说明和建筑建成后的效果图。

建筑文本的特殊性在于它的核心是图示语言，但并不代表图示语言就是全部的表达内容。文字在建筑文本中同样具有非常重要的作用，文字准确简练是其在建筑文本中最基本的要求。

文本的制作相当于书籍的排版工作，然而建筑文本的制作往往比一般书籍的排版更为重要。一个好的文本不仅要完成解读设计重点的任务，也要给阅读文本的人带来美的享受。

著名建筑赏析

法隆寺

法隆寺又称为斑鸠寺，位于日本奈良，是圣德太子于飞鸟时代建造的佛教木构架寺庙，据传始建于607年，但是已无从考证。

法隆寺占地面积约187000 m^2，有48座佛教建筑，它们代表了日本最古老的建筑形式，是木制建筑的杰作。其中的11座建筑修建于公元8世纪之前或公元8世纪期间，它们标志着艺术和宗教史发展的一个重要时期，再现了中国佛教建筑与日本文化的融合。

法隆寺内存有飞鸟时代以来的各种建筑及文物珍宝，被指定为国宝。法隆寺分东、西两院，西院保存了金堂、五重塔；东院建有梦殿等，西院伽蓝是世界上最古老的木构建筑群。法隆寺建筑物群在1993年被列为世界文化遗产（图1-53）。

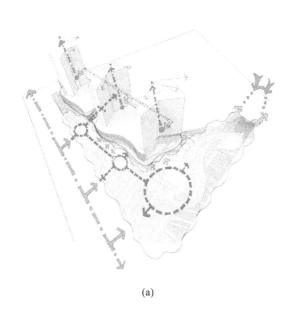

(a)

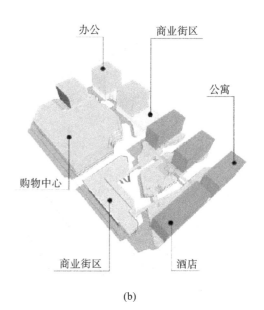

(b)

图1-52　建筑分析图

图 1-53 法隆寺

木 构 架

　　木构架，顾名思义就是以木材为主的构架形式，广泛应用于中国古代的房屋、桥梁、景观等建筑和工业领域。木构架结构是用木立柱、木横梁构成房屋的骨架，房屋的重量通过横梁集中到立柱上，墙起隔断作用，不承担房屋的重量。木构架又有抬梁、穿斗、井干三种不同的结构方式，而抬梁式使用范围较广，在三者中居于首要地位。

　　（1）抬梁式木构架。是沿着房屋的进深方向在基础上立柱，柱上架梁，再在梁上重叠数层瓜柱和梁，自下而上，逐层缩短，逐层加高，至最上层梁上立脊瓜柱，构成一组木构架。

　　（2）穿斗式木构架。是沿着房屋的进深方向立柱，但柱的间距较密，柱直接承受房屋的重量，不用架空的抬梁，而以数层"穿"贯通各柱，组成一组组的构架，也就是用较小的柱与数木拼合的"穿"，做成相当大的构架。

　　（3）井干式木构架。是用天然圆木或方形、矩形、六角形断面的木料，层层累叠，构成房屋的壁体。

小／贴／士

22

第五节

案例分析——上海中心大厦

一、建筑概况

上海中心大厦（Shanghai Tower）是上海市的一座超高层地标式摩天大楼（图1-54、图1-55），其设计高度超过附近的上海环球金融中心。其面积为433954 m²，建筑主体为118层，总高为632 m，结构高度为580 m。建造地点位于河流三角洲，土质松软，含有大量黏土。在竖起钢梁前，工程师打了980个基桩，深度达到约86 m，而后浇筑约60881 m³混凝土进行加固，形成一个约6 m厚的基础底板。

二、结构赏析

上海中心大厦有两个玻璃正面，一内一外，主体形状为内圆外三角。形象地说，就是一个管子外面套着另一个管子。玻璃之间的空间为0.9～10 m，为空中大厅提供空间，同时充当隔热层，降低整座大楼的供暖和冷气需求。降低摩天楼的能耗不仅有利于保护环境，同时也让这种大型建筑项目更具有经济可行性（图1-56、图1-57）。

从外观上看（图1-58），外部呈螺旋式上升，建筑表面的开口由底部旋转贯穿至顶部，依靠3个相互连接的系统保持直立。第一个系统是规格为27 m×27 m的钢筋混凝土芯柱，提供垂直支撑力。第二个是"超级钢柱"构成的一个环，围绕

图1-54　上海中心大厦白天

图1-55　上海中心大厦夜景

图1-56　上海中心大厦黄昏

图1-57　建筑外观

(a)

(b)

图1-58　建造过程

钢筋混凝土芯柱，通过钢承力支架与之相连。这些钢柱负责支撑大楼，抵抗侧力。最后一个是每14层采用一个2层高的带状桁架，环抱整座大楼，每一个桁架带标志着一个新区域的开始。

从顶部看，上海中心大厦的外形好似一个吉他拨片，随着高度的升高，每层扭曲近1°。这种设计能够延缓风流。风环绕建筑时会形成涡旋脱落效应，导致摩天楼剧烈摇晃。对按比例缩小的模型进行风洞测试后发现，这种外形设计能够将侧力减少24%，因为上海经常受到台风的影响，减少侧力对于此处的建筑至关重要。

小贴士

现代建筑向前看

　　进入 21 世纪以来，我国出现了很多现代建筑，人们对此类建筑褒贬不一。现代建筑设计一方面要符合当地人文、风情、地域特征，也要具有强烈的时代感。因此，建筑设计不能一味抄袭以前的设计风格，而应该有所创新，以向前看的立场来寻求代表进步和未来的建筑设计理念（图 1-59）。

图 1-59　建筑全景

思考与练习

1. 什么是建筑？

2. 建筑设计的定义是什么？

3. 建筑设计有哪些特征？

4. 建筑按照功能和使用性质可以分为哪几个类型？

5. 未来建筑设计趋势有哪些？

6. 设计图示有哪几种表达方式，它们各有什么特点？

7. 尝试用绘图笔绘制 2 张建筑外观形体结构图。

8. 简单分析 1 个知名建筑。

第二章

环境与建筑设计

学习难度：☆☆★★★

重点概念：环境概述、地块、建筑关系

章节导读

通过前一章节对建筑的形象、定义、发展过程及图示表达的介绍，大家对于建筑的概念已有了初步的了解。但是对于建筑设计而言，建筑的地理位置是建筑产生的重要初始条件。很多时候，建筑环境带来的各种对建筑生成的制约条件，也是确立建筑设计的形态、空间与建造策略的重要基础，同时这些策略能否很好地应对这些制约条件，也是评判建筑设计优劣的重要标准。因此，认识建筑环境、理解其空间特色是建筑师必不可少的任务，也是建筑设计基础的重要内容。

著名建筑赏析

亚琛大教堂

亚琛大教堂又名巴拉丁礼拜堂，是德国著名的教堂，也是现存加洛林王朝建筑艺术最重要的范例。它位于德国最西部的城市——亚琛市，邻近比利时、荷兰边境，是著名的朝圣地。教堂建筑极具宗教文化色彩，这座八角形的建筑物融合了拜占庭式和法兰克式的建筑风格之精髓，是加洛林朝代文艺复兴的代表性建筑。它的内部结构以日耳曼式圆拱顶为主要特色，用色彩斑斓的石头砌成，以古典式圆柱为装饰。

图 2-1　亚琛大教堂

图 2-2　教堂内部

礼拜堂高达 3.9 m，在许多世纪中一直是德国的最高建筑。教堂大门和栅栏则为青铜式建筑，也是现存加洛林朝代唯一的青铜制品，风格古典，据鉴定可能出自意大利伦巴第工匠之手（图 2-1、图 2-2）。

第一节
环境的概述

一、自然、乡村和城市

提到环境，我们大致会想到三种场景——自然、乡村和城市。自然是人迹罕至的沙漠、丛林、高山、草原和生活生长在其中的野生动植物；而乡村是田野中散落的低矮院落和田埂边辛勤耕作的农夫；

城市则是车流拥挤的街道、密集高耸的楼宇和摩肩接踵的人群。自然、乡村与城市环境特征的差异，反映了人类活动对环境改造的程度。总体来说，人类活动越少，环境就越"自然"，人类活动越密集，人造物的密度就越高，环境就越"城市化"。

因此我们在讨论环境问题时，常常将其粗略地分为人工环境与自然环境两大类。但我们所见的城市都是由自然环境逐步演化而来，从自然、乡村到城市（图 2-3 ~ 图 2-5）并不存在明确的界线。即使是在高度人工化的城市环境中，自然的要素仍然存在，如气温、降雨、日照、地形、风向、水文、植被等仍然对人工环境有着

图 2-3　城市风景

图 2-4　乡村风景

图 2-5　自然风景

十分重要的影响力。

城市的环境，由实在的物质构成，例如建筑物、树木、阳光、河流、空气等，我们将其称为物质环境。而城市中人的意识层面的因素，如历史、文化氛围、经济活动、民族宗教等，我们称其为非物质环境或社会环境。

城市的物质环境总是在一定的尺度范围内以某种较为稳定的空间形式表现出来的，我们称之为城市形态。一般来说，城市形态包含以下几个基本物质要素：地形地貌、街道（及其划分的街区）、地块、建筑物。这些物质要素在不同的外界条件和规则的影响下，会生成丰富多变的城市形态。而城市形态最直接的表现形式就是鸟瞰状态（图 2-6）下城市表面凹凸、材

图 2-6　城市鸟瞰图

质变化的质感，也就是我们通常所说的"城市肌理"。它是在地形地貌、街道、地块、建筑物的共同作用之下的城市形态的平面表达。

未来，大部分人都将在城市中工作、生活，建设活动也将大多发生于此，建筑设计所面临的环境问题也和城市相关。因此，本章将重点讲述城市的环境。

二、城市地图

城市的物质空间需要借助二维图纸来记录和表达。通常情况下，城市地表的水平尺度大大超过地表的高度，因此，平面图就成为记录城市物质空间的主要工具，这类平面图我们通常称之为城市地图。构成城市物质空间的要素包括建筑、地形、道路、各种基础设施等，因此，城市地图也分为许多类型。在地形测量的基础上制作的，以一定比例尺及地形的定量表达为特征，记录城市地表各物质要素位置分布情况的城市平面图，我们称之为城市地形图。

第二节
城市建筑与地块

一、地块和街块

城市建筑的建造应有可建造的基础。除了城市的街道、河流等明确为居民共同所有，其余的城市土地都要被划分成块，确认其归属，然后由其使用者进行建造活动。首先，街道将城市土地划分成较大的块，这些由城市街道围合的大块区域称为街块或者街区。一个街块的面积往往比较大，因此街块之内的土地会被进一步划分成更小的部分，这些更小块的土地就称为地块（图2-7），每块土地及其边界内的建筑都有明确的界线。通常来说，每一个地块都应与城市街道相连，这样地块中的建筑才能直接与街道发生联系。

地块的形状、大小与其上的建筑的功能是相互联系的。大型的建筑或建筑群，比如，大型的购物中心或居住小区，常常占据整个街块。大多数情况下，建筑用地

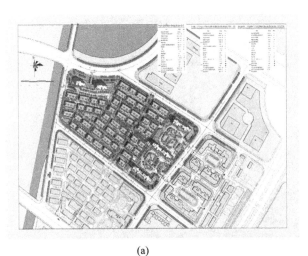

(a)

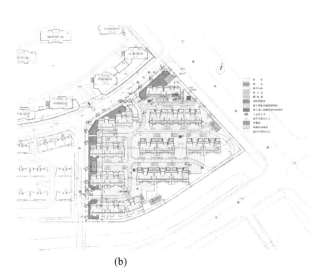

(b)

图2-7　城区地块

都会比街块小，一个街块内会包含若干个地块。

二、建筑与地块

就建筑和地块的关系而言，首先要考虑土地的经济性因素。单位土地上建设建筑，占地面积越大、楼层越多，可以获得的使用面积就越大，我们称之为土地使用强度。使用强度越高，土地的使用效率就越高。衡量土地使用强度有三个主要的指标：建筑密度、建筑层数和建筑容积率。建筑密度又称建筑覆盖率，是指用地范围内所有建筑的基底总面积与用地面积的比率，它反映出用地范围内室外开敞空间水平和建筑密集程度。建筑高度是指建筑物室外地面到其檐口或屋面面层的高度（不计屋顶上的水箱间、电梯机房、排烟机房和楼梯出口小间等），通常建筑高度增大意味着建筑层数的增加。建筑容积率是指所有楼层的总建筑面积与地块内用地面积的比值，它是决定土地利用强度的核心指

标（图2-8）。这三项指标与建筑形体有一定联系。例如，在给定建筑容积率的地块中设计一幢建筑，那么楼层越少、高度越低，建筑密度也就越大，地块内室外空间就越小，建筑形体就较为宽扁；反之，建筑就会更加细长、高耸。

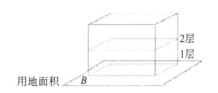

总建筑面积为A=1层面积+2层面积
容积率=总建筑面积A÷用地面积B
图2-8 建筑容积率算法

实际设计中，要根据地块的边界条件考虑建筑形体在场地内的布局。地块内的建筑除了不能超越自身地块权属边界，还常常需要遵守一些规划控制线的退界要求，以满足城市整体上对公共开放空间的需要（图2-9）。城市规划中常用的控制线有：道路红线、轨道交通橙线、水域岸线规划控制蓝线、高压黑线、历史文化保

图2-9 建筑密度

建筑密度是指在一定范围内，建筑物的基底面积总和与占用地面积的比例。

护规划控制紫线、绿化用地绿线。另外，地块本身的面积、形状以及边界条件，例如周边街道的性质、相邻地块内建筑的功能类型、距离、高度，以及配套基础设施（电力、给排水、燃气等），都会对地块内建筑的位置与形体带来限制（图 2-10）。例如，为了防止火灾蔓延，地块内的建筑需要与周边建筑保持一定的距离，并留出消防通道；要满足周边住宅底层住户基本的日照条件，不能形成遮挡，等等。

最后，对于城市环境来说，地块内的建筑形体与室外空地的设计同样重要，我们称之为总平面设计。一方面，建筑的形状会对地块内的室外场地划分与限定造成很大的影响。另一方面，室外场地要根据建筑与地块的出入口位置来设置人行、车行的通道（图 2-11、图 2-12）以及其他必要的室外活动空间（比如地面的停车场、学校的操场等）；同时划分出硬地和软地，适当设置植被、水体和景观小品等（图 2-13、图 2-14）。

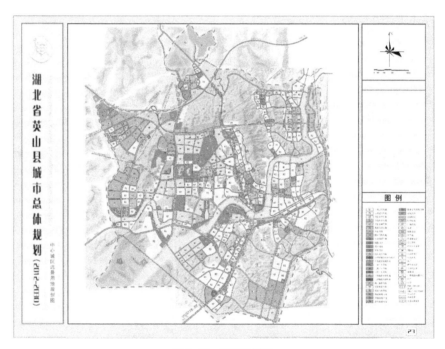

图 2-10　城市规划图

图 2-11　人行道

图 2-12　车行道

图 2-13　景观小品 1

图 2-14　景观小品 2

小贴士

景观小品是指围绕主体性建筑修建的小型建筑物。一般作为美化环境、烘托气氛、隔断空间、陪衬主体建筑、供人们休息或观赏之用。如亭、池、廊、桥、栅栏、华表、影壁、花坛、喷泉以及各种建筑雕塑等。

三、城市建筑

城市中的建筑，除了受到地块条件的约束，还必须满足使用需求、建造技术及消防安全等诸多要求。由于城市中存在许多类似的限定要求，因此许多建筑的形体、内部空间、场地布局呈现出相似的模式，这就是我们常说的建筑类型。在这些建筑类型中，我们可以发现许多在长期的城市发展中沉淀和保留下来的，十分有效、通用、与城市空间紧密联系的建筑空间组织规则。了解这些常见的功能布局和相关规定，可以为建筑设计的学习提供很好的基础。

依照不同的分类标准，划分出的建筑类型也各不相同。①按使用对象，建筑可以分为民用建筑、工业建筑等（图 2-15、图 2-16）。②按照建筑使用功能，

图 2-15　民用建筑

图 2-16　工业建筑

土地使用强度指标与建筑形体

小贴士

在建筑密度一定的情况下，若不改变高度，要增加建筑容积率就必须压缩层高，增加楼层数。但由于层高受结构、设备管线、人的直立活动限制，其数值是较为固定的合理区间。因此，通常在建筑密度一定的情况下，要增加建筑容积率也意味着建筑高度的增加。而在建筑容积率一定的情况下，根据地块周边条件及建筑使用需求，调整建筑整体密度、高度、数量等，可以变换出多种建筑形体。

可以再进行细分，如居住建筑可分为住宅（图2-17）、公寓、宿舍等，公共建筑可分为医院、学校（图2-18）、体育馆、博物馆（图2-19、图2-20）、商业建筑、城市综合体等。

四、城市外部空间

1.城市外部空间的类型

我们如果将城市地形图中的建筑部分涂黑，就形成了一张图底关系图，留白的部分属于室外的开敞空间，我们称之为

图2-17 住宅小区

图2-19 体育馆

图2-18 学校

图2-20 博物馆

城市外部空间。它和建筑空间的最大区别就在于它是没有顶的空间。其中有些空间是私密的，比如老城传统住宅内部的院落；有些是半私密半公共的，比如封闭式管理的住宅区和学校内部的开敞空间；还有些是公共的，比如街道、广场、公园。外部公共空间是城市居民公共活动的重要场所，其空间品质是舒适的城市生活的重要保证。因此，对于城市来说，它们比具体某个建筑物的内部空间更加重要。按照形态，城市外部空间还可以大致分为线性空间和面状空间两大类。线性空间包括城市河道、街道及绿化带等（图 2-21）；面状空间则包括公园、广场等场所（图 2-22）。

建筑形体的外立面对限定城市外部空间的垂直界面有着最为直观的作用。可以说城市的外部空间能够直观地反映建筑与建筑之间的关系，舒适的城市公共空间具有合理的建筑形体与布局。从质感上来说，建筑外立面采用的材料和构造形式，也影响着人们在开放空间活动时的感受。当然，建筑界面的附属物，如灯箱广告标识（图 2-23）、空调外机等，对界面的整体设计也会产生很大的影响，特别是在一些商业建筑高度集聚的城市空间内。在设计时，应从界面的角度将其作为需要特别考虑的因素。另外还应考虑植物，特别是高大的乔木，也是具有特殊质感的垂直限定元素，例如街道两侧的行道树，对街道空间界面的构成也会产生重要的影响（图 2-24）。

图 2-21　绿化带

图 2-23　广告标识

图 2-22　公园

图 2-24　行道树

2. 城市外部空间的质感和界面

城市的外部空间各有其所属的功能，特别是公共的外部空间。了解这些功能有助于在建筑设计时将建筑内部空间的使用更好地与外部空间的功能衔接，使建筑更好地发挥自身的功能。

首先，城市的外部空间是人群集散、流通的空间，这一功能主要由街道（图2-25）和广场来承担。因此，街道最主要的功能就是交通。工业文明时代之前的城市街道相对比较狭窄，基本没有平面功能上的分化。机动车出现之后，城市道路迅速拓宽，出现了不同车道的分化。现在我们可以看到城市街道包含机动车道、非机动车道、步行道，它们之间还常常通过隔离栏或隔离绿带进行区分。

其次，城市外部空间也是城市公共活动的重要场所。例如，在广场（图2-26）上可举行检阅、庆典、演出或商业推广等。

再次，城市外部空间还为城市居民提供了休闲娱乐活动的场所，比如城市中可供居民散步健身的沿河绿道、城市公园和带状绿地等（图2-27、图2-28）。

3. 城市外部空间的尺度

城市外部空间的尺度需要根据其功能定位及人们活动的性质、频率等要求加以确定，比如，城市机动车道的宽度由并行车辆数量和密度所决定。但由于城市外部空间的公共性以及没有"顶"的限制，其尺度与室内空间相比也相对放大。首先，关于外部空间平面尺度，日本学者芦原义

图2-25 城市街道

图2-27 城市公园

图2-26 城市广场

图2-28 城市绿道

信在《外部空间设计》中，从人的感知角度提出了相关假说：在使用性质相似的情况下，外部空间可以采用内部空间尺寸 8～10 倍的尺度作为模数，它也与可识别人脸的距离相吻合。其次，垂直界面的尺度要与平面尺度相呼应，通常我们使用"高宽比"来表达。在同样的围合程度下，高宽比越大，空间就越显得狭窄和压迫。而高宽比越小，垂直界面的限定作用也就越弱，空间就越开阔。

著名建筑赏析

婆罗浮屠

婆罗浮屠位于东南亚的印度尼西亚，是公元 8—9 世纪夏连特拉王朝最伟大的建筑（图 2-29）。婆罗浮屠的命名来源并不清楚。"婆罗浮屠"这个名字最早出现在斯坦福·莱佛士爵士的书《爪哇历史》中。莱佛士记载了一座名为"婆罗浮屠"的佛塔，但没有更早的资料记录相同的名字。婆罗浮屠是作为一整座大佛塔建造的，从上往下看，它就像佛教金刚乘中的一座曼荼罗，同时代表着佛教的大千世界和心灵深处。塔基是一个正方形，边长大约 118 m。这座塔共九层，下面的六层是正方形，上面三层是圆形。顶层的中心是一座圆形佛塔，被七十二座钟形舍利塔团团包围。每座舍利塔装饰着许多孔，里面端坐着佛陀的雕像（图 2-30）。佛塔的建筑材料是取自附近河流的石料。这些石料被切成合适的尺寸，由人工运至建筑地点。石块之间用榫卯连接。建筑完工之后工匠们在石块上刻下浮雕。佛塔建有良好的排水系统，以适应当地的暴雨。为防积水，每个角上都有装饰着滴水嘴兽的排水孔，整座佛塔共有 100 个这样的排水孔。婆罗浮屠和其他同类的建筑有很大的差异，它不像其他建筑那样建在平地之上，而是建于一座山上，不过建筑工艺和爪哇的其他庙宇相似。它与中国的长城、印度的泰姬陵、柬埔寨的吴哥窟并称为古代东方四大奇迹。

图 2-29　婆罗浮屠外观

图 2-30　婆罗浮屠细部

第三节
自然环境与建筑的关系

建筑是人与自然的中介，作为人类改良自然气候和塑造人工气候的技术手段，建筑通过作用于自然来满足人类的各种使用要求。因此，建筑与自然的关系实质上是人与自然的关系，建筑发展的关键就是要正确地处理人与自然的关系。

一、建筑与自然的关系

1. 建筑形态与自然的关系

因受到太阳辐射的纬度差异、海陆分布关系、海拔高度变化、地形起伏状况等因素的影响，不同地区的四季在日照、气流、降雨、温度、湿度上的差异较为明显。我国地域辽阔，气候特征差异较大，因此产生了许多特色鲜明的地方建筑，例如内蒙古草原的蒙古包（图 2-31）、闽南的土楼（图 2-32）和陕西的窑洞（图 2-33）等。在使用同样建筑材料和结构形式的情况下，建筑的形态越规整，外表面积越小，开窗面积比例越小，就越能减少室内外温湿度的传导，越有利于建筑保温。因此在冬季寒冷、对保温有着更高要求的北部与西北部地区，墙面厚实、体形方整、开窗面积比例小的建筑就更为常见。而在人口较为集中的中东部地区，有利于日照和通风的合院式住宅则占据了主导地位（图 2-34）。

2. 气候造就建筑

自然环境所涵盖的内容十分丰富，包括地表、气候、水文、植被、动物群落等，在这些自然环境因素中，对建筑而言最重

图 2-31 蒙古包

图 2-33 陕西窑洞

图 2-32 闽南土楼

图 2-34 合院式住宅

要的则是气候。气候不仅造成了自然界本身的特殊性，如地表肌理、水文、植被等，而且还是影响地域文化特征及人类行为习惯的重要因素。

3. 自然条件是建筑形成的外因

环境的地形、地貌、地质、水源条件的优劣直接影响建筑选址、布局及形式。在人类早期的建筑活动中，这些自然条件更是城市重要建筑选址、形成总体布局框架的决定性因素。城市、集镇、乡村常常相对集中在河流区域，以利于生产、商贸及交通。对于地形、地质、地貌的选择则要求有利于将来的可持续发展。中国的黄河、长江中下游地区，西亚的幼发拉底河、底格里斯河两河流域（图 2-35），非洲的尼罗河三角洲（图 2-36），都是人类

古代文明的重要发祥地，诞生了众多的大都市，这与其早期优越的自然条件有着密切的关系。

4. 建筑向自然学习

自然界不仅为人类提供了赖以生存的物质资源，也是人类创造的动力源泉。在现代社会生活中，人类已经从自然的形态中获取了很多的灵感，例如模仿鸟类的飞机和模仿鱼类的潜艇（图 2-37、图 2-38）。作为一门古老的学科，建筑学也要从自然形态中获得创作的灵感。自然形态具有普遍的共同的特点，这些特点对当代的建筑都有重要的意义。

（1）适应性。适应性是生存的前提，自然界中，无论是树冠的形态还是沙丘的形状，无论是有机生命形式的多样性

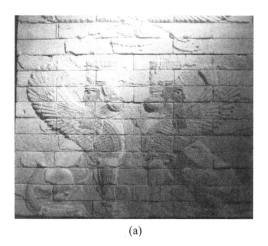 

(a)   (b)

图2-35　古巴比伦文化

(a)   (b)

图2-36　埃及壁画

图2-37　飞机   图2-38　仿生潜艇

还是无机物形态的多样性，都是对多种环境适应的结果。自然物的构造具备对环境的适应性，生物能随着气候的变化而变化，并具有多功能性。同理，人类也可设计一种特殊的建筑"外壳"，冬天可吸收太阳的热量，提高室内温度；夏天可以反射太阳的辐射，避免室内温度过高。

（2）多样性。世界的多样性首先是形式的多样性，而且是自然形式的多样性。

（3）高效性。由于长期的生存选择，生物对物质和能量的利用必然极为高效。因为只有这样，它们才能在物竞天

(a)

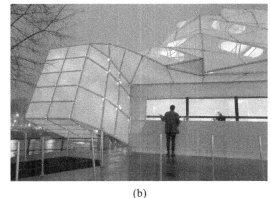
(b)

图 2-39　仿生建筑

择的竞争中求得生存，因而生物形态的高效历来都是人工产品形态参照的范例。自然界的和谐共生在形态上就能直接反映出来，不同种类的植物可以多层次地彼此共存，同时又成为动物的庇护所，形成了不同生物种群的共生现象。

上述三点都是当代建筑所需要具备的新特征，建筑形态与生物形态具有相似性，我们可以向大自然学习，从中寻求创作的灵感，仿生建筑就是一种尝试（图 2-39）。

二、建筑与风向的关系

在建筑布局和规划选址时考虑风向对建筑环境的影响，有利于城市建筑的室内通风，防止发生灾害时对居民造成伤害。

另外，城市中建筑较为密集，不同的建筑群体布局也会使局部风向发生改变。

例如高层建筑会造成周边街道内较强的风场。研究建筑布局和风向的关系，可以通过引导风向改善局部通风条件，疏散城市废气，改变城市热岛效应的影响，创造更为舒适的城市空间。

三、建筑与阳光的关系

阳光对建筑的影响表现在两个方面。首先，建筑设计可以借助光影效果的运用，更好地从视觉上表现出建筑的形体与空间（比如坚实的体积感或轻盈通透的效果）、材料与质感（比如玻璃的反射、折射）。其次，它能够调节建筑物的物理环境，并且能够改变热辐射的温度和自然光照条件，利于节能。从对城市环境的实际影响来看，改变自然光照条件更为重要（表2-1）。

表 2-1　小区日照时数一览表

建筑气候区划	Ⅰ、Ⅱ、Ⅲ、Ⅶ气候区		Ⅳ气候区		Ⅴ、Ⅵ气候区
	大城市	中小城市	大城市	中小城市	
日照标准日	大寒日				冬至日
日照时数 /h	≥ 2	≥ 3			≥ 1
有效日照时间带	8—16 时				9—15 时
时间计算起点	底层窗台面				

日照间距,即前后两栋建筑之间根据日照时间要求所确定的距离。日照间距的计算,一般以冬至日正午正南方向房屋底层窗台以上墙面能被太阳照到的高度为依据。

42

四、景观与植被

环境要素如风、阳光、空气等没有具体实在的形状,但植被却具有实在的三维形体特征。植被从形态上可以分为三大类:灌木、草地和乔木(图2-40～图2-42)。首先,利用它们的大小、高低的不同进行空间组织,可以创造更加生动和丰富的城市空间;其次,植被在色彩、花期以及落叶方面的变化,还从视觉上为城市创造更多变的感受,给城市整体环境带来多样性;再次,植被具有吸尘、吸碳、净化空气的生态效益。

城市中包括植被在内的可见自然要素,如湖泊、河道、山体、林地等,是十分宝贵的资源,它们不仅具有生态、减灾效应,而且为城市居民提供了更多可以接触自然的休闲场所。从建筑设计的角度考虑,如果在其中创造一个空间,选择良好的视角,能看到优美的风景就变得十分重要。同时,这个创造出的空间也要尽量不改变自然景观,甚至利用景观特性成为空间内的一个景点。在中国传统中,选择好的观景点设立亭子(图2-43),或通过建造塔等标志物创造景观焦点,都是很好的例子。

图2-40 灌木群

图2-41 草地

图2-42 景观乔木

图 2-43 景观亭

第四节 建筑设计与社会的关系

一、建筑反映社会生活

1. 建筑源自于社会

建筑的产生是社会生活需求的结果，建筑形式的发展和人们的生活进程是一致的。在人们生存需求的动力下，出现了用于居住的建筑。随着人类社会的不断发展和社会生产力逐步提高，人类生活的载体——城市应运而生。人们社会活动范围不断扩大，社会生活方式日益丰富，这促使商业建筑大量涌现。宗教活动的兴盛使神庙、教堂得到发展；商品交换过程中产生了市场、商店和商业街区（图2-44）；交通出行的需求使停车场、码头（图2-45）及现代化的各类交通建筑陆续出现；文化活动的需求产生了影院、剧院（图2-46、图2-47）。人类的生活构成了建筑发展的社会基础，而每一种建筑类型都是人类相应社会生活需求的物化。

建筑的构筑本身就集合了大量的物质资源，同时也凝结无数的人类智慧和人类劳动。

图 2-44 商业街区

图 2-45 码头

图 2-46　私人影院

图 2-47　新疆大剧院

44

社会是人类生活的共同体，包含政治、经济、人口、行为、心理及意识形态等要素。建筑作为社会物质文明和精神文明的综合产物，塑造着社会生活的物质环境，同时也反映社会生活、社会意识形态和时代精神的全部内在，具有广泛而深刻的社会性内涵。

2. 建筑反映民族特征

社会生活的民族特征是指一定区域内共同生活的民族所表现出的与其他民族群体不同的信仰、社会观念、行为特征、伦理形态、生活方式等。这些差异也明确地体现在建筑上，如藏族的碉楼（图2-48）、傣族的干阑式建筑（图2-49）、维吾尔族的"阿以旺"式住宅、蒙古族的轻骨架毡包房。这些少数民族的建筑与汉民族的院落式住房在布局、空间组织、色彩装饰等方面呈现出明显不同的特征。而从世界范围来看，中华民族传统建筑与古埃及、古希腊、古罗马、古印度等国家的传统建筑都存在着明显的差异，这不仅仅是自然环境差异的体现，更是民族性特征的外化。

在我国，四合院住宅是传统民居采用最广泛的空间形态。不少华裔在国外仍然喜爱这样的住宅，如马来西亚华裔就有不少住在四合院住宅里，他们的四合院住宅并不像当地传统住宅那样具有良好的通风散热特征，这反映出四合院主人对本民族传统文化的认同。

图 2-48　碉楼

图 2-49　干阑式建筑

北京四合院

小 贴 士

四合院，又称四合房。四合指东、西、南、北四面，合即四面房屋围在一起。北京正规四合院一般依东西向的胡同而坐北朝南，大门辟于宅院东南角"巽"位。四合院中间是庭院，院落宽敞，庭院中植树栽花，备缸饲养金鱼，是四合院布局的中心，也是人们穿行、采光、通风、纳凉、休息、劳动的场所。四合院按照布局分为三种："口"字形的称为一进院落；"日"字形的称为二进院落；"目"字形的称为三进院落。

北京四合院设计与施工比较容易，所用材料十分简单，不使用钢筋与水泥，而采用砖木混合结构，重量轻，可以防震。整体建筑色调灰青，给人印象十分朴素，居住其中生活非常舒适。

3. 建筑反映行为与心理特征

社会生活中人们的心理和行为规律是组织建筑空间的重要依据。各类建筑设计中，不论是居住建筑，还是各种类型的公共建筑的设计，都是以满足人们的行为需求、心理需求为出发点的。商场空间组织及货品的功能分区，需要与购物者的行为习惯和心理需求相联系，合理的空间布局是创造舒适购物环境、取得良好商业效益的重要前提。在纪念类建筑的设计中，研究人们心理与空间环境的关系也十分重要，大多成功的纪念类建筑作品常常通过空间的起承转换来调动参观者的心理情绪，达到渲染气氛、突出主题的目的。在现代办公建筑中，开敞式大空间办公的布局形式得到推崇，这种空间组织形式同样是在研究管理者及办公者的工作行为、心理规律的基础上设计出的。开敞式的办公环境可以加强人员之间相互协作的精神，便于管理，从而大大提高了工作效率。

4. 建筑反映社会地域性特征

社会生活的地域性特征是由一定区域内特定的人文因素和自然因素综合组成的。这些体现地域性生活特征的建筑形式就是地域建筑，如江南轻灵通透的水乡建筑（图2-50）、中原大地华丽而封闭的合院建筑、黄土高原上质朴醇厚的窑洞建筑，都充分体现出不同地域的自然特征和风土人情。再如福建龙岩一带别具一格的客家土楼，在中国各地方建筑风格流派中占有重要的地位。这种堡垒式的建筑是历史上中原地区民众（当地称之为客家）南迁，为防卫械斗侵袭而采取的一种住宅形式，形成了一方独特的乡土建筑风格。平面以圆形、方形为主，外墙坚实，内设完整的生活空间，建筑布局及形态都反映出客家传统的历史人文风貌。

图 2-50　周庄古镇

从上述举例中我们可以看到在建筑的形成和发展过程中，自然条件、历史环境、文化氛围和生活习俗对其有着深厚的影响力。认识这些社会因素与建筑发展之间的关系，对我们深入理解和掌握建筑设计有着重要的意义。

小贴士

飞檐是中国特有的建筑结构。它是中国古代建筑在檐部上的一种特殊处理和创造，常用在亭、台、楼、阁、宫殿、庙宇的屋顶转角处。其屋檐上翘，形如飞鸟展翅，轻盈活泼，是中国建筑风格的重要表现之一。

著名建筑赏析

曲阜孔庙、孔府、孔林

曲阜孔庙、孔府、孔林，位于山东省曲阜市，是中国历代纪念孔子、推崇儒学的象征，以丰厚的文化积淀、悠久的历史、宏大的规模、丰富的文物珍藏以及科学艺术价值而著称。根据史料记载，在孔子辞世的第二年（公元前 478 年），鲁哀公将孔子旧居改建为祭祀孔子的庙宇。经历代重修扩建，明代形成了现有规模。孔庙占地面积约 140000 m^2，共有殿阁亭堂门坊 100 余座。孔庙内有孔子讲学的杏坛、手植桧，存有历代碑刻 1000 余块。孔府本名衍圣公府，位于孔庙东侧，为孔子嫡长孙的衙署。汉高祖刘邦曾以太牢之礼祭孔子墓并封孔子九世。现存的建筑群绝大部分是明、清两代完成的，前后九进院落。庙内有殿堂、坛阁和门坊等 460 多间。四周围以红墙，四角配以角楼，是仿北京故宫样式修建的。1994 年被联合国教科文组织列为"世界文化遗

图 2-51　曲阜孔庙

图 2-52　孔庙鸟瞰

产"。与北京故宫、承德避暑山庄并列为中国三大古建筑群（图 2-51、图 2-52）。

二、建筑反映社会意识形态

社会意识形态包括政治、法律、道德、宗教、伦理等内容。建筑服务于一定的社会主体，与一定时期的社会意识相联系，因而不可避免地受到来自社会政治制度、宗教精神和伦理道德的制约，在内容及形式上反映出社会意识形态的种种历史和现实。

1. 建筑反映社会统治者的意志

各历史时期中建筑通常被统治者用于展示和突出统治阶层权力、地位和思想。在绝对君权时期，路易十四的重臣高尔拜上书："如陛下明鉴，除赫赫武功而外，唯建筑物最足表现君王之伟大与气概。"而汉初萧何也在进谏汉高祖刘邦建造未央宫时曾说道："天子以四海为家，非壮丽无以重威，且无令后世有以加也。"由此可以看出建筑形式表现与统治阶层的思想意识之间有着密切关联。农业社会中为君主专制服务的皇宫、坛庙、皇陵等是人类最早趋向成熟的建筑类型（图 2-53），这些建筑在城

图 2-53　大明宫

图 2-54　凡尔赛宫

市布局中占据最为显赫的位置，在形式规模及艺术性等方面更体现出作为环境主体的形象特征，这些建筑形象可以说是这一时期统治阶层意志的物化形式。古埃及金字塔是早期人类社会用以体现专政思想的一个重要见证。它以单纯的形象、超出一般的体量，在无垠沙漠的衬托下将王权的地位突出到至高无上的程度。它的产生固然得益于古埃及精湛的起重、运输、施工技术以及卓越的艺术技巧，但古埃及社会中对帝王的尊崇和严酷的等级观念才是其最根本的原因。17世纪古典主义建筑在法国兴起，与这一时期颂扬绝对君权专政思想的社会背景是相一致的。古典主义建筑在构图上强调主从关系和中心感，强调轴线，讲求对称，成为突出君主体制最为理想的

形式。古典主义建筑受到极大推崇，用于城市的布局框架，广场的设置，宫殿、府邸乃至园林的规划设计。随着卢浮宫、旺道姆广场的扩建工程以及欧洲最大的王宫——凡尔赛宫及宫廷花园的相继建成（图2-54），专制思想以古典主义建筑为载体传向四方。古典主义建筑成为欧洲建筑的主流，将人类历史上对君权思想的表现再次推向极致。

在现代工业社会中，建筑发展同样与社会体制和社会统治思想的取向相一致。随着工业社会的发展，20世纪初的德国成为了现代主义建筑的发祥地之一，先后诞生了贝伦斯、格罗皮乌斯、密斯·凡·德·罗等著名的现代主义建筑运动的先行者，出现过"德意志制造联盟""包豪斯"等对现代主义建筑发展具有重大影响的组

织和学校。然而随着 20 世纪 30 年代专制政体的建立，德国在政治、思想、文化上开始推行独裁专制，现代主义建筑失去了得以发展和传播的社会思想基础，建筑领域中开始推崇新古典主义风格，现代主义建筑受到严重的排斥。社会意识形态对建筑发展的强烈影响由此可见一斑。

2. 建筑反映宗教思想

宗教是社会意识形态的一种体现形式。人类社会，尤其是农业社会时期，社会生活的主题之一便是宗教，这一点也充分地体现在建筑发展的历程中。神庙、教堂、寺庙等宗教类建筑的发展构成了建筑发展史的重要内容。在欧洲中世纪，神权超越王权主导社会政治、经济、文化与思想，教堂建筑成为建筑历史舞台上的主流。

教义思想、宗教仪式上的差异还使得基督教分为东、西两派，这种差异也体现在建筑风格上，由此形成了东欧拜占庭建筑体系和西欧哥特式建筑体系。这两种教堂建筑的形式集中体现了两种不同建筑风格的特征。在哥特式教堂中，高耸向上的垂直感成为统治一切的力量；而东欧的拜占庭教堂则是以穹隆顶覆盖立方体空间为形式特征，若干穹隆结合在一起形成巨大的集中式建筑空间，在风格上与哥特式教堂截然不同。如君士坦丁堡的圣索菲亚教堂与法国巴黎圣母院教堂，在建筑形式上呈现出明显不同的特征。而与其他类别的宗教建筑，如佛教的寺庙桑奇窣堵波、伊斯兰教的清真寺相比，则体现出更大的差异性（图 2-55 ~ 图 2-58）。

图 2-55　圣保罗大教堂

图 2-56　清真寺

图 2-57　卡久拉霍神庙

图 2-58　巴黎圣母院

小贴士

包豪斯设计观点

在设计理论上，包豪斯提出了三个基本观点：设计的目标是人而不是产品；设计要达到艺术与技术的统一；设计必须遵循自然与客观的法则。

所谓"包豪斯风格"实际上是人们对"现代主义风格"的另一种称呼。"现代主义风格"被称为"包豪斯风格"，这是对包豪斯的一种曲解，包豪斯是一种思潮，而并非完整意义上的风格。

3. 建筑反映礼仪道德

在建筑发展过程中，长期传承的道德伦理规范对不同建筑的类型有深层的约定性，这种约定性在中国几千年的各类传统建筑形式的发展中体现得最为明显。道德伦理规范在中国传统社会中集中体现为约定人们思想行为、社会生活的礼制制度。它对传统建筑的影响常常借助工程技术规范的形式，将礼制等级思想寓于其中，贯彻到建筑布局乃至城市规划布局中，使之呈现出严格的等级秩序。

礼制思想强调父子、兄弟、夫妇、长幼的尊卑秩序，对传统民居作出了严格的限定，传统四合院就是集中体现这种社会礼制的典型建筑空间形式。一般四合院分为前后两院，呈严格的对称布局。内院是家庭起居活动的地方；堂屋位居北侧中央，是一个家庭最为重要的空间场所，用以举行家庭仪式和会客；左、右耳房是长辈居室，晚辈居于两侧厢房；前院以迎客为主，用作门房、客房。家庭的等级伦理关系在其中被安排得井然有序。陕西岐山

凤雏村西周宫室遗址的发掘证明，这种以礼制制度为依据的院落式布局形式从周代起一直延续到明、清时期，并成为各类传统建筑进行群体布局、空间组合的基本单元。皇宫、衙署、寺庙、会馆、祠堂等建筑都是由基本院落单元组合而成，保持并强化了其中的等级秩序，在形式及内涵上体现出强烈的礼制精神（图2-59、图2-60）。

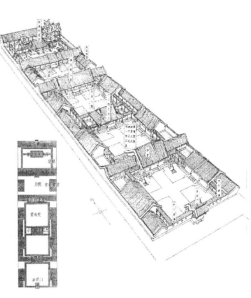

图2-59 荣王府平面图

图 2-60　故宫鸟瞰图

戏剧性的视野（图 2-61）。

第五节
案例分析——瓦尔斯别墅

一、建筑概况

瓦尔斯别墅坐落于瑞士东南部阿尔卑斯山脉的一个斜坡上，海拔约 1250 m。这是一座完全融入景观的别墅，以避免干扰未被破坏的大自然。从建筑观看的角度略有倾斜，为峡谷另一侧的山峰带来更加

二、建筑分析

整座别墅主要由山石和木材组成，开口处设计成一个向下凹陷的球面结构，这样能够赋予足够宽阔的庭院空间。而会客厅与三个主卧全部隐藏在攀爬向上的山坡里，完美地融入了周围的环境之中，毫不突兀。这样的设计，令住户既可以享受静谧的私人空间，又能毫无阻碍地欣赏整个山谷的优美风景。

(a)

(b)

(c)

图 2-61　瓦尔斯别墅外部

外墙主要使用小石块装饰，建筑内部则使用了大量的木材，既环保又显雅致，不规则的立体木材天花板增添了森林的气氛。每个卧室中都拥有广阔的视野，与室内简单和谐的设计相融合，极具现代主义风格，在把自然光运用到极致的同时，也将观者与天空及山谷联系在一起。住宅用地的选择考虑了山坡的走势朝向，整个住宅的立面虽然呈内凹的形态，但仍然拥有充足的采光（图 2-62）。

三、设计理念

瓦尔斯别墅设计的初衷是为了"躲避"政府的规定，瑞士政府法律曾规定小镇上不能出现新的现代建筑。因此建筑师将住宅融入山体之间。同时为了不影响山坡的整体环境，建筑师设计了一个地下隧道，进出别墅完全不会在山坡上留下痕迹，这也最大限度保证了在建筑使用过程中不会对环境造成过多的人为破坏（图 2-63）。

(a)

(b)

(c)

图 2-62　瓦尔斯别墅内部

(a)

(b)

图 2-63　瓦尔斯别墅细部

思考与练习

1. 如何区分街块与地块?

2. 自然环境对建筑有哪些影响?

3. 建筑设计可以借鉴哪些自然因素?

4. 建筑与自然存在哪些关系?

5. 建筑反映了哪些社会特征?

6. 选择 1 条身边的街道进行调研,对城市地形图进行解读。

7. 调查身边的街区,绘制 1 张地块的区位图。

8. 从环境的角度分析 1 幢建筑,完成约 800 字的分析报告。

第三章
建筑的构成

学习难度：★★★★★

重点概念：建筑构成分部、材料选择

章节导读

　　一个完整的建筑物由不同材料、位于不同位置的多个部分组合而成。建筑的各组成部分的合理组合既保证了建筑物特定的实用性，又满足了诸如支撑、保温、防水、采光、通风、隔震、降噪等外部条件的需求。要满足相应的功能，需要选择不同物理性能的材料并将其组合在一起才能实现。例如，窗户既要有保证强度的窗框，又要有透光防水的玻璃。建筑形体的转角、交接、收头处都需要通过构造手段来实现，建筑的各个组成部分成为展现建筑物的建造技术、反映建造工艺水平的载体。建筑各个组成部分不同的形式、选择的材料与交接方式体现了特定的审美价值、社会和文化特征，进一步表现了建筑的地域性、时代性、尺度感、真实性和场所感。

著名建筑赏析

伦敦塔

伦敦塔是英国伦敦一座标志性的宫殿，选址在泰晤士河，处于要塞地位。詹姆士一世是将其作为宫殿居住的最后一位统治者。伦敦塔曾作为堡垒、军械库、国库、铸币厂、宫殿、天文台、避难所和监狱，最后一次作为监狱使用是在第二次世界大战期间。它是一座具有罗马建筑风格特点的白塔，是影响整个英国建筑风格的巨大建筑物。威廉沿泰晤士河建造伦敦塔，其目的是为了保护伦敦，并宣称此地是他的领土。伦敦塔最重要、最古老的建筑是位于要塞中心的诺曼底塔楼，它是整个建筑群的主体，因其是用乳白色的石块建成，史称白塔。白塔是主人进驻守备部队的居住之所，最为坚固，在某种程度上象征着统治者威廉日益巩固和扩大的权力。楼高32.6 m，共分3层，墙体厚度不一，双层墙壁，窗户口很小，门窗之间用白石相隔，其顶部呈雉堞状，塔楼4角耸出4座高塔，三方一圆，在角隅设有螺旋楼梯，通达顶层（图3-1～图3-3）。伦敦塔在1988年被列为世界文化遗产。

伦敦塔坐落于伦敦市金融区的东部边缘，紧靠泰晤士河与塔桥。

图 3-1　伦敦塔

图 3-2　伦敦塔远视

图 3-3　伦敦塔局部

第一节
建筑构成部分的分类

建筑按照各部分所处的位置，可以分为五个部分：基础、楼梯与栏杆、楼板层与地坪、墙身与洞口和屋顶。这些部位不仅围合出一个基本的建筑空间，同时也满足了人们基本的使用需求。除此之外，建筑构成部分还包括阳台和天花等室内装修内容，这里不作详细的介绍。

建筑各构成部分的构造有不同的处理方式，主要表现在防水、采光、通风、防热、保温、防噪、围护等多个方面，都是用于应对建筑中某种或多种需要解决的特定问题。

一、基础部分

基础是指建筑底部与土地接触的承重构件，它的作用是把建筑上部的荷载传递给地基（图3-4）。实际上，基础支撑着框架或者承重墙，这就需要其能够适应周围的土地条件和上部结构的移动。周围的大型建筑或者树木同样会影响建筑的稳固性。

在选择基础的类型时，除了建筑自身的规模、体量和使用功能外，还必须

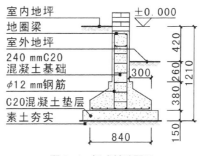

图3-4　板式基础图示

考虑地基所在位置的地质构件，它包括地基的土壤类型、地貌、水文地质条件、土壤和岩石的物理力学性质、地震带分布等。由于基础工程的特殊性，还必须考虑施工中的现实条件，合理选择适当的基础类型。

基础根据不同的受力情况和使用材料可分为刚性基础（又称无筋扩展基础）和柔性基础（又称扩展基础）。刚性基础一般用三合土、砖、毛石、混凝土等受压强度大、受拉强度小的刚性材料制成，一般用于层数较少的砌体建筑或轻型厂房。柔性基础通常用钢筋混凝土材料制成，其抗压与抗拉性能较好，适用范围广，其形式主要有独立基础、条形基础、筏形基础、箱形基础、桩基础等（图3-5、图3-6）。

对于软弱地基，可用桩基础增强地基

小贴士

地基与基础的区别如下：地基是基础下面的土层，它的作用是承受基础传来的全部荷载。基础是建筑物埋在地面以下的承重构件，是建筑物的重要组成部分，它的作用是承受建筑物传下来的荷载，并将这些荷载连同自重传给下面的土层。

57

图 3-5 混凝土基础局部

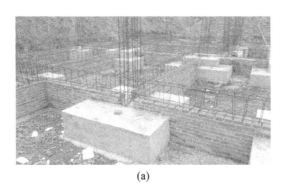
(a)

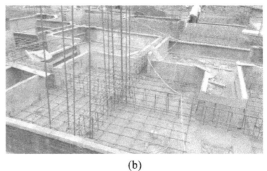
(b)

图 3-6 混凝土基础结构

小 贴 士

刚性基础与柔性基础

1. 刚性基础

刚性基础指用砖、石、灰土、混凝土等抗压强度大而抗弯、抗剪强度小的刚性材料砌成的基础，用于地基承载力较好、压缩性较小的中小型民用建筑。

2. 柔性基础

柔性基础是用抗拉、抗压、抗弯、抗剪性能均较好的钢筋混凝土材料制作的基础，常用于地基承载力较差、上部荷载较大、设有地下室且基础埋深较大的建筑。

的承载力。桩基础按照受力状态可以分为
端承桩和摩擦桩，按施工方式可分为预制
桩和灌注桩。

二、建筑的墙身与洞口

建筑空间的垂直界面被称为墙体，按
照其所在位置和保温要求，可以将其分为
外墙和内墙；按照方向，可以分为横墙和
纵墙；按构造做法，可以分为实心墙、空
心墙（包括传统的空斗墙）、复合墙；按
照受力特点，可以分为承重墙、自承重墙、
隔墙和围护墙。

建筑外墙上的洞口是区分建筑内外的
通路，主要是联系墙身两侧，尤其是外墙，
其主要包括门、窗和其他孔洞（如通风口
等）。作为围护体系的一部分，外墙洞口
要保证在密闭时室内气候与室外隔离（但
窗仍能采光），而在开启时满足出入或通
风的需求。其开启的大小常因室内发生的
活动、光照、视野和居住者对隐私的需求
而发生变化。为雨雪天出入便利，门外还
应设置雨篷。在日照强烈的地区，窗洞口
还应设置遮阳的装置（图3-7）。

59

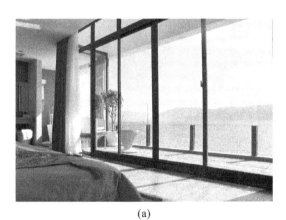
(a)

(b)

图3-7　窗洞口

小贴士

剪力墙是指在框架结构内增设的抵抗水平剪力的墙体。因高层建
筑所要抵抗的水平剪力主要是由地震引起的，所以剪力墙又被称为抗
震墙。

三、建筑的楼梯与栏杆

楼梯是联系各楼层空间、实现垂直交
通作用的重要构件，楼梯主要由楼梯梯段

和楼梯平台组成（图3-8）。除了根据梯
段、平台将楼梯分为直跑楼梯、折跑楼梯
等以外，还可以根据消防等级对楼梯形式

图 3-8　室内楼梯

图 3-10　雕花栏杆

图 3-9　折跑楼梯

图 3-11　镂空栏杆

的要求将其分为室外楼梯、封闭楼梯、开敞楼梯和防烟楼梯（图 3-9）。对于最为常用的双向折跑楼梯来说，两个梯段之间需要留出空隙，该部分空间称为梯井，公共建筑的梯井宽度不宜小于 150 mm，休息平台的宽度必须大于或等于梯段的净宽度。楼梯平台上部的净高不应小于 2 m，楼梯梯段之间的净高不应小于 2.2 m。

大多数楼梯还应设置栏杆，栏杆是固定在楼梯梯段和平台边缘处起安全保障作用的围护构件。栏杆可以分为实体和镂空两种（图 3-10、图 3-11），实体栏杆又称为栏板，镂空式栏杆根据不同材料可以有很多做法，但为防止幼儿跌落，其镂空宽度不得大于 11 cm。扶手一般与栏杆结合，设置于栏杆顶部，也可附设于墙

小贴士

公共建筑室内外台阶踏步宽度不宜小于 0.3 m，踏步高度不宜大于 0.15 m，通常采用 0.35 m 和 0.125 m 这两个参数。特别要注意的是不允许只设一级踏步，至少要两级，这是因为踏步高差过小时，行人不易辨别，容易受伤。

上，称为靠墙扶手。扶手表面的高度计算从踏步前沿开始，梯段内扶手高度不小于0.9 m，水平段扶手高度不小于1.05 m，幼儿以及残疾人使用的扶手高度为0.6 m。扶手的断面大小应考虑人的手掌尺寸，其宽度应在6～8 cm之间，高度应在8～12 cm之间，一般用金属、塑料、木材等材料制成。

四、建筑的楼板层与地坪

楼板层与地坪是建筑内部承载垂直荷载的主要水平构件。楼板层将人、家具、自重等垂直荷载传递给墙体和框架梁柱，同时对于联系垂直受力构件、增强结构整体性以抵抗水平荷载也有一定作用。地坪是指建筑物底层与土壤相接的水平构件，它将垂直荷载直接传递给地基。

楼板层与地坪一般由面层和基层组成（图3-12）。一般我们所说的楼面和地面指的就是楼板与地坪的面层，它包括装饰层（使用木地板、地砖等材料）和结合层（通常采用水泥砂浆，用于找平）。根据实际情况，面层的做法有多种选择，地

面和一些特殊位置的楼面（如卫生间、浴室、厨房等），必须考虑防水、防潮的特殊需要，适当做排水坡度，在填充层上部增加防水层。楼板层与地坪的差别主要在基层。地坪的基层是在夯实的地基上增加垫层和结构层，垫层多采用碎石、碎砖或三合土，结构层通常使用60～80 mm厚的混凝土。楼板层的基层是结构楼板，按照使用材料的不同，可以分为木楼板、预制钢筋混凝土楼板、现浇钢筋混凝土楼板等（图3-13）。

五、建筑的屋顶

屋顶是建筑物最上层起遮盖作用的外围护组件，用以隔绝雨雪、日照、气流、气温等因素对建筑内部造成的不利影响。屋顶由屋面和支承结构组成，屋面包括面层（防水、排水）和基层（起坡、传递荷载）。支承结构附属于建筑的支撑体系，除了承担屋面荷载，也常常起到屋顶起坡的作用。

屋顶的形式，按照屋面材料大致可以分为瓦屋顶、钢筋混凝土屋顶、金属屋顶、

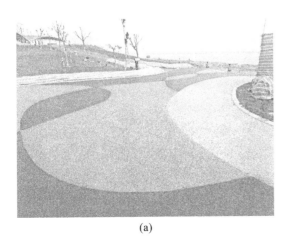

(a)

(b)

图3-12 塑胶地坪

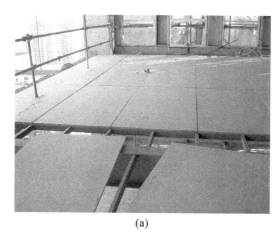
(a)

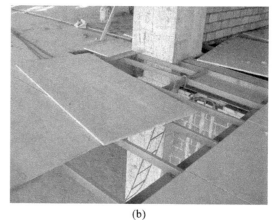
(b)

图 3-13 楼板层铺装

玻璃屋顶等（图 3-14）；按照屋顶坡度形态又可分为平屋顶、坡屋顶、拱顶、薄壳、折板、张拉膜等，其中最为常见的是平屋顶与坡屋顶两大类。屋顶的坡度与屋面的材料、屋顶形式、地理气候条件等多种因素有关（图 3-15、图 3-16）。

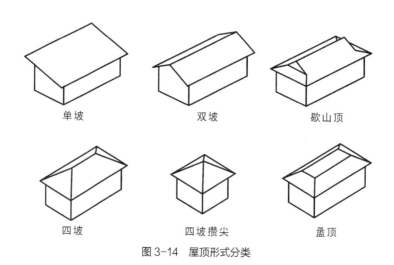

单坡　　　　　　　　双坡　　　　　　　歇山顶

四坡　　　　　　　四坡攒尖　　　　　　盝顶

图 3-14 屋顶形式分类

图 3-15 坡屋顶

图 3-16 平屋顶

平屋顶与坡屋顶

1. 平屋顶

屋面坡度不小于 2% 的屋顶称为平屋顶（最大坡度为 5%）。平屋顶的坡度通常用材料找坡的方法做出，也可以用结构板材带坡安装（结构找坡）。平屋顶的承重结构以钢筋混凝土板为主，可以现场浇筑，也可以采用预制钢筋混凝土板。

2. 坡屋顶

屋面坡度不小于 10% 的屋顶属于坡屋顶。坡屋顶比平屋顶容易解决防水问题，在隔热和保温方面也有其优越性。坡屋顶的构造包括两大部分：一部分是由屋架、檩条、屋面板组成的承重结构；另一部分是由挂瓦条、油毡层和屋面瓦组成的面层。

相对而言，平屋顶构造与施工更加简单经济，形式上更加简洁，但防水隔热效果不如坡屋顶。

小 贴 士

著名建筑赏析

凯旋门

凯旋门，由著名建筑家让·弗朗索瓦·沙尔格兰根据 1806 年 2 月 12 日拿破仑下达的指令负责设计的，直到 1830 年 7 月 29 日才落成。这座凯旋门高 50 m，宽 45 m，厚 22 m，它完全以古罗马的单拱形凯旋门为蓝本，只是在它的壁面装饰上体现了强烈的时代特点。在四面拱门内刻有曾跟随拿破仑远征的 368 名将军的名字，两侧门上端和前后拱形的两侧有六块描绘历次重大战役的浮雕，最重要的有两块：一块是于 1833 年由著名雕刻家弗朗索瓦·吕德雕刻的《马赛曲》，这是根据里勒的同名歌曲创作的，它采用浪漫主义的艺术手法表现马赛人民高唱战斗歌曲奔赴首都，为拯救祖国而战的激动人心的场面；另外一块是雕刻家格尔杜特雕刻的《拿破仑加冕》，也是一幅浪漫主义作品，中心主体形象拿破仑的穿戴和神情完全像一个罗马帝王。这座凯旋门成了拿破仑军事光荣的记功碑（图 3-17）。

图 3-17　凯旋门

第二节
建筑细部组成

一、组成部分概述

建筑各组成部分中的材料交接，即我们通常所说的构造设计，是针对建筑细部的具体使用功能，选择不同的材料，将它们拼接到一起的设计过程。例如，一扇窗既要满足保温需求，又要采光好、通风佳，选用的基本材料包括金属窗框、铰链、玻璃等。为增强保温性能，玻璃进一步选用双层中空玻璃；为防止寒冷季节室内冷凝水的产生，金属窗框进一步加入内置断桥的处理等。

在选择材料的过程中，建筑师首先需要针对材料的特性扬长避短，合理地进行组合。例如，屋面防水有刚性防水和柔性防水之分，柔性防水主要通过防水卷材得以实现，而防水卷材虽然防水性能好，施工相对简易，但也存在耐久性比较差的缺点，这就需要针对具体建筑的使用情况来合理选择。另外，由于屋面防水卷材容易因日晒等原因老化，还要在其上敷设保护层以延长使用寿命。

其次，需要考虑材料制作加工和建筑施工中的工艺流程、经济性等问题。例如在选择玻璃的分块大小时，较小的玻璃分块，虽然单块造价低，但同时也存在工序复杂、配套的金属框成倍增加、立面琐碎等问题；而较大的玻璃分块，又容易出现单块造价增高、施工中易损耗、运输困难等问题。因此，设计师需要根据实际情况进行综合考虑。

最后，还需要考虑建筑细部在构造处理上的美观问题。例如，两种不同材料的交接缝隙要隐藏在阴角里，在视觉效果上会更好。

在建筑设计中，建筑师经常需要通过大比例的局部平、剖面图来表达细部构造中各种材料的位置与交接关系，这就是大样图。大样图通常采用1:5 或 1:20 的图纸比例，不同的材料要采用不同的图案加以填充，并用文字形式标示出材料、尺寸、型号、做法等信息（图3-18）。

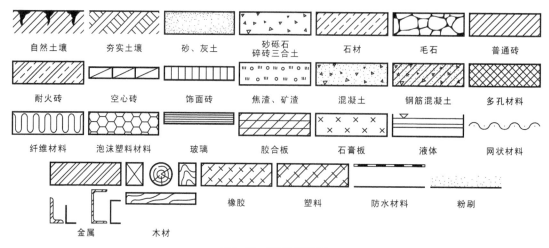

图 3-18　各种材料图示

二、建筑顶部

目前应用最广泛的屋顶形式是平屋顶，其构造中除了本身的结构楼板，还应根据防水、排水、保温等功能要求，在结构层之上增设防水层、结合层、保温层、找平层、隔气层、找坡层等，结构层之下应设置顶棚。

平屋顶构造有两个需要解决的重点问题：防水和排水。平屋顶防水所使用的主要材料是柔性的防水卷材、涂膜材料和刚性的细石防水混凝土或直接使用金属板材屋面，材料的选择要根据建筑性质、防水等级等情况加以应用。防水层在檐部转折和收头处应做特殊处理。

平屋顶排水分为有组织排水和无组织排水两类。有组织排水主要有两种方式：檐沟排水和女儿墙排水。有组织排水宜优先采用排水管设于室外的外排水方式，以减小可能的渗漏对使用的影响，但也应注意排水管对建筑立面效果的影响。无组织排水情况下雨水由檐口自由下落，但目前多数平屋顶设计时会考虑有组织的排水，以减少雨水对建筑的危害。在高层建筑、屋顶面积较大的建筑中，则可以采用内排水方式，并在室内设置独立的管井防止渗漏。

坡屋顶无论屋面还是结构形式变化较多，但相比平屋顶，雨水更容易排除，不易渗漏，因此其面层构造和施工维修都更加简便。除了防水层、保温层之外，坡屋顶的面层可采用机平瓦、小青瓦、压型钢板等。坡屋顶可采用无组织排水，也可设檐沟组织排水。

三、建筑底部

建筑底部的构造，除了基础之外，还包括外墙底部的台阶、散水、排水沟等部分。这些组成部分保证了建筑稳固、不受雨水侵蚀，并且方便了人员的出入。

在建筑墙基与室外地面的四周，做成防水的外倾斜坡或排水沟，可以迅速排走地面积水，保护建筑基础。室外台阶可以砖砌也可以石砌，基层的做法与地坪类似。

散水是靠近勒脚下部的排水坡；明沟是靠近勒脚下部设置的排水沟。它们的作用都是为了迅速排出从屋檐滴下的雨水，防止因积水渗入地基而造成建筑物下沉（图3-19、图3-20）。

图3-19　散水

图3-20　明沟

图 3-21　窗框

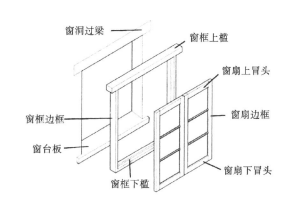

图 3-22　窗框组成

四、门窗

门窗是建筑物用以通风,采光和人员、物品进出的部分。门窗最主要的部分是门框、门扇、窗框与窗扇。按照门扇或窗扇的开启方式,门窗可分为平开、推拉、折叠、旋转等类型(图 3-21)。

门窗框分为上槛、下槛、边框和中框等部分,门窗框的断面形状和尺寸与门窗扇的层数、门窗扇厚度、开启方式、企口大小和当地风力有关。门窗扇由上冒头、下冒头、棂子、边框等组成。门窗框在和

墙体连接时,还需要设置压缝条、贴脸板、披水条、筒子板、窗台板、窗帘盒等附件(图 3-22)。

门窗的五金零件有铰链、插销、窗钩、拉手、铁三角等。铰链又称合页,是门窗框和扇的连接构件,分固定和抽心两种。门窗扇关闭后,由插销固定在门窗扇上。窗钩又称挺钩或风钩,用来固定开启后窗扇的位置。门窗扇的中部可安装拉手,以利开关,拉手有弓背和空心等形式。铁三角用来加固窗扇的窗挺和连接上、下冒头,

小贴士

断 桥 铝

断桥铝又叫隔热断桥铝型材、隔热铝合金型材、断桥铝合金、断冷热桥型材、断桥式铝塑复型材,它比普通的铝合金型材具有更好的性能。具体来说,因为铝合金是金属,导热比较快,所以当室内外温差较大时,铝合金就可以成为传递热量的一座"桥",这样的材料做成门窗,它的隔热性能较差。而断桥铝是将铝合金从中间断开,采用硬塑将断开的铝合金连为一体,因为塑料导热明显比金属慢,这样热量就不容易通过整个材料,材料的隔热性能也将更好,这就是"断桥铝"名字的由来。

木螺丝用来将五金零件安装于门窗上的相关部位。

　　传统的门窗的框材大多以榫卯形式连接,采用木材结构。现在已逐渐被更易加工且坚固的金属型材料取代。为改善门窗保温性差的问题,越来越多的金属门窗框材还在内部置入了断桥的构造处理,同时使用双层甚至三层的中空玻璃、镀膜玻璃,以减少其导热性与热辐射,防止室内冷凝水的产生,降低建筑能耗。

五、建筑的外墙与转折

　　随着使用要求的提高,越来越多的建筑外墙开始使用复合墙,通过多种材料的复合使用,来提高外墙的维护、保温、美观等多重功能。复合墙由内向外分别为基层、保温层、外饰面固定层、外饰面层等。

基层包括建筑的承重结构(梁、柱)和满足基本围护稳固度的填充墙。

　　目前我国多数建筑采用钢筋混凝土框架结构和混凝土空心砌块作为外围护墙体的基层(图3-23)。保温层是采用自重轻、传热系数小的建筑材料,如挤塑板、岩棉板等,包裹在建筑外部形成一个整体的热传递屏障(图3-24、图3-25)。外饰面固定层用于固定外饰面并将外饰面层的重量传递至建筑承重结构,最常见的是用于各种形式挂板的金属龙骨。外饰面层决定建筑外表面的最终观感,同时也起到保护保温层的作用。在外饰面的设计中,金属龙骨位置、饰面的划分与墙身洞口尺寸应互相配合,以便于备料、施工和获得较为统一的立面效果(图3-26)。常见的外

墙体的种类较多,有单一材料的墙体,有复合材料的墙体。综合考虑围护、承重、节能、美观等因素,设计合理的墙体方案,是建筑构造的重要任务。

图3-23　混凝土框架结构

图3-25　岩棉板

图3-24　挤塑板

图3-26　金属龙骨

饰面层材料有石材、铝塑板、披叠板、陶土板、饰面砖等（图3-27、图3-28）。

外墙的转折处，通常都需要做特殊的处理。例如传统的砖砌墙体，墙角砖的尺寸会有变化，以保证砖纹的连续性，

或使用石材夹砌的做法增强墙角的稳固度。在石材挂板饰面的墙角转折处，石材采用梯形的切角处理，弱化了连接缝，并避免了石材尖切角可能带来的易破损问题。

图3-27　陶土板

图3-28　饰面砖

小贴士

钢架结构是主要由钢材构成的结构，具有自重轻、强度高、延展性好、施工快、抗震好的特点。钢架结构多用于超高层建筑，但造价较高。

著名建筑赏析

温莎城堡

温莎城堡位于泰晤士河畔的一座山冈上。这里最早是一个被称为"温杜塞拉"的村落，现在是伦敦的布克歇马地区。这里地势高峻，能扼制流经伦敦的水道。其东部、北部是空旷的台地地形，视野开阔，可谓战略要地。1070年，诺曼底公爵即后来的威廉一世，为了保护泰晤士河来往的船只以及王室的安全，在此大兴土木，营建了石堡，取名"温莎城堡"。温莎城堡

最初为木构城堡，经历代君主的修建，到亨利一世，不论其面积和内部装修均初具规模。现规模经19世纪乔治四世和维多利亚女王时期扩建后形成。温莎城堡占地约5.3 km²，是英国最大的城堡。整个城堡分为下、中、上三区。下区也称西区，其中有圣乔治小教堂，西区东部有艾伯特纪念堂，纪念堂东北有温切斯特塔。中区为12世纪亨利二世修建的巨型圆塔和古堡垒，后乔治四世在其上增建了巍峨的冠顶部分，使之成为温莎城堡的最高建筑。

上区为东区，有国家公寓。温莎城堡是目前世界上最大的一座仍有人居住的古堡。全堡共有近千个房间，东区是王室的私宅，包括典雅高贵的御座宫，每年6月"嘉德日"时，嘉德骑士聚集在此地，女王也在此授封新的骑士（图3-29、图3-30）。

图3-29 温莎城堡全景

图3-30 温莎城堡局部

第三节
建筑的材料选择

一、概述

无论是建筑的支撑体系（结构）还是包裹体系（表皮），都涉及对建造材料的选择。构造技术和系统是多种多样的，但每一种构造都离不开材料的选择。使用不同的材料进行建筑构成，可以展示出不同的形态和质感。

作为建筑师，我们必须了解建筑材料的功能及其局限性。建筑材料的品质与它的产地、外界环境、用途和使用者都有一定关系。

在材料用来建造建筑或空间之前，建筑师需要首先了解材料的特性及其所适用的建筑部位。材料的选择首先需要考虑材料自身的物理特性，包括外观上的色泽、质感、光学效果；其次需要考虑材料的力学性能，如受压、受拉、抗弯、抗扭、抗剪的能力，是否易碎等；还应考虑其热工性能和防水性能。

材料的选择还需要考虑具体的结构形式，材料的耐久性，功能性（如透光、透气、防水、保温），使用的经济性（产地、产量、工艺难度）以及人的心理感知（轻巧与厚重，人工和自然）。

对建筑师来说，有效地使用材料，对于建造方法和实践的正确理解是至关重要的。通过将材料合理运用在建筑的不同位置，建筑师可以直接揭示建筑背后的建筑理念。

二、木质材料

在历史上，木材是中国传统建筑的主要用材，但出于保护资源和考虑结构安全性的需要，目前木材在建筑中的应用受到了限制。

木材是应用十分广泛的一种建筑材料，也是应用时间最长的建筑材料之一（图 3-31）。首先，木材的抗压和抗拉性能都还不错，因此它可以作为梁、柱等构件用于建筑的支撑体系，其耐久性可以得到一定保证。其次，木材取材于自然，有着丰富、优美的色泽与纹饰，具有独特的自然美，所以它是一种能够给人带来亲切感的建筑装饰材料，常用作地面、披叠板外墙饰面等。除此之外，木材还具有很好的可持续性，是一种可再生的建筑材料。

随着科学技术的发展，木材的性能不

(a)

(b)
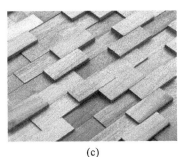
(c)

图 3-31　木质材料

(a)

(b)

图 3-32　木制建筑

断得到增强。实木多层胶合成型等技术极大地提高了木材的力学性能和防火性能，使其可以应用于跨度更大、结构更复杂的公共建筑之中。而磨砂、抛光、打蜡、油漆、上色或压制等板材处理工艺进一步发掘了木材的美感，扩展了木材装饰应用的可能性（图 3-32）。

三、钢筋混凝土

混凝土在工程上常被简称为砼，它是指由胶凝材料将集料（骨料）胶结成整体的工程复合材料的统称。自古罗马时期开始，用火山灰作为胶凝材料的混凝土就在建筑中得到使用。现在所使用的混凝土通常是指用水泥作胶凝材料，砂、石作集料，与水按一定比例配合，经搅拌而得的水泥混凝土，也称普通混凝土。它可以借助模板，经过固化从而被塑造成任何形状，也能够根据需要按不同的配比进行混合，形成不同的强度。混凝土从本质上说是一种廉价的可塑人造石材，其力学性能与石材相似，抗压性能好，而其他性能较差。从19世纪中后期起，人们开始在混凝土中加入钢筋，从而大大改善了混凝土的力学性能。因此，经济、可塑、力学性能良好的钢筋混凝土成为20世纪以来使用最为广泛的建筑材料（图 3-33）。

(a)

(b)

图 3-33　钢筋混凝土结构建筑

混凝土一度被认为是一种工业的、粗糙的、野性的材料，只适合用在建筑结构上。然而，建造观念的改变揭示出钢筋混凝土本身的材料质感就极具建筑表现力（图3-34）。这种表现力来源于两个方面：一方面是它所使用的集料本身的大小、质感和颜色；另一方面是混凝土浇筑时使用的模具，模具本身的形状、尺寸、材质会直接体现在所浇筑的混凝土表面，以此可以浇筑出带有木纹、印花或者光滑的混凝土表面。此外，混凝土表面也可以进一步进行加工，通过凿刻形成特定的纹理，如斩假石。

混凝土可以在工厂里浇筑预制作，然后在施工现场迅速组装建造；也可以在施工现场浇筑，制作成各种形状。这种灵活性使得许多新的建筑空间和造型得以实现。

(a)

(b)

图3-34 钢筋混凝土建筑

钢筋混凝土的结构

钢筋混凝土中的受力筋含量通常很少，从占构件截面面积的1%（多见于梁板）至6%（多见于柱）不等。钢筋的截面为圆形。在美国，根据钢筋中含碳量，分成40钢与60钢两种。后者含碳量更高，且强度和刚度较高，但难于弯曲。在腐蚀环境中，电镀、外涂环氧树脂和不锈钢材质的钢筋亦有使用。

四、砖石

石材与木材一样也是最古老的建筑材料之一，从早期人类社会开始就有使用石材进行建造的记录。石材从开采到用于建筑，需要被加工成较为方整的砌块，以便于运输和建造。砖也是一种砌块，它可分为烧结砖（例如黏土砖）和非烧结砖（如土坯砖、灰砂砖、粉煤灰砖等）（图3-35）。作为一种小型人造块材，总体来说呈长方体状的建筑装饰材料都被冠以"砖"的名字，比如在我国春秋时期出现的瓷砖、黏土砖，曾被大量使用。它以黏土、页岩、煤矸石等粉料为主要原料，经泥料处理、成型、干燥和焙烧而成。砖的颜色受其组成材料和加工方式的影响而不同，如黄砖里含有更多的石灰，如果含铁量高，砖就会变红。红砖是自然冷却的产物，如果砖坯烧成熟后浇水冷却，便会得到青砖。因为破坏土地资源，黏土砖现在已经被混凝土砌块广泛替代，很少在建筑中使用。

由于石材和黏土砖具有很好的抗压性、耐久性和防潮防水性，因此历史上长期被广泛用于砌筑建筑的基础和承重墙（图3-36）。同时由于其受拉、受弯等性能较差，因此在古典建筑中，由砖石砌筑的建筑墙体通常无法设置较宽的洞口，洞口之上需要依靠拱券将垂直荷载转化为沿砌块方向的压力。新的建筑材料出现后，洞口上才开始使用钢筋混凝土或钢型材的平过梁。在钢和钢筋混凝土出现后，砖石结构的建筑逐渐减少，但在一些小型建筑中，砖石仍是一种广受欢迎的建筑材料。目前的砖石材料更多地被加工成薄板、面砖等装饰性的面层材料，用于建筑外墙和地面，如花岗石、大理石等。石材表面在加工时可根据需要磨光成不同的程度。例如，切割的石材表面粗糙，适合用在花园或景观等室外需要防滑的场所；抛光表面的石材彰显了材料自身的色彩和纹理，适合用在室内外重要的视觉感知空间。

从材料的表现力来看，首先，石材体现自然的质感，如石材和黏土砖，其砌筑体的尺度感也更易为人接受。因此，砖石建筑在质感上更加易于获得亲切感（图

73

(a)

(b)

图3-35　黏土砖

(a)

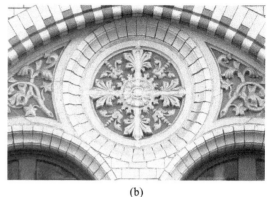
(b)

图 3-36　砖石建筑

3-37、图 3-38）。其次，作为砌筑材料，砖石的砌筑拼接具有多种形式，会在建筑的垂直界面上表现出与建造方式相联系的丰富纹样。例如，传统的黏土砖墙，不同的墙体厚度要求与砌筑方式，会呈现"一丁一顺"、"顺丁相间"等不同的纹样。

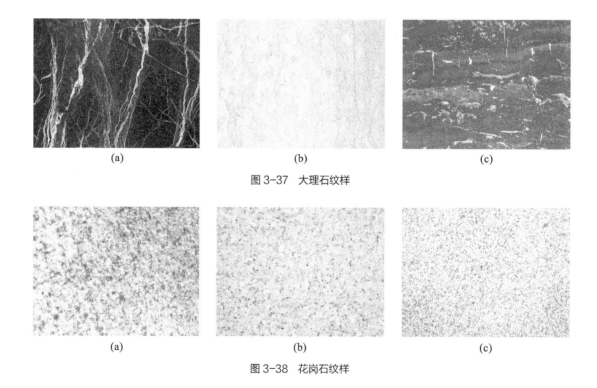

(a)　　　　　　(b)　　　　　　(c)

图 3-37　大理石纹样

(a)　　　　　　(b)　　　　　　(c)

图 3-38　花岗石纹样

小贴士　　一块普通黏土砖的标准规格是长 240 mm、宽 115 mm、厚 53 mm。灰缝宽度按 10 mm 考虑，这样标准砖的长、宽、厚度之比为 4:2:1 的比例关系。1 m³ 体量砖砌块的标准砖用量为 512 块（含灰缝）。

最后，许多留存至今的最古老建筑都是由石材建造的，与其他材料相比，砖石材料的建筑更加富有历史亲切感，能够体现出坚实与永恒的寓意。

五、钢和玻璃

在现代建筑设计中，玻璃与钢建造技术的一个关键点是1851年英国伦敦世博会的水晶宫，它带来了材料、建造与工艺三个方面的创新。巨大的金属框架与装配式玻璃系统创造出一种全新的通透建筑空间界面。作为现代主义美学的一部分，玻璃与钢二者通常一起出现。两种材料的结合为建筑带来了强度与精美的结合，使建筑显得纤细而轻灵。玻璃与钢的运用使建筑被赋予了现代化与人工化的形式，能够更好地勾勒天空与景观（图3-39）。

在钢材的普遍使用以前，建筑材料的自重、地球引力及压力规定了结构及其对应的建筑空间形态的极限，而钢材为新建筑结构形式的出现开辟了崭新的道路（图3-40）。由于钢材具有很强的抗拉性能，从而促进了新结构体系，如悬臂与摩天楼（图3-41）。美学开始有了新的标准与发展。

随着时代的进步，玻璃的制造与建造能力也在不断发展，它不再仅仅是钢框架上的透明表皮。如今，玻璃已经具备结构性能，能建造几乎完全透明的建筑，如华山玻璃栈道。玻璃的表面也产生了更多的处理方式，如磨砂、镜面、彩印、镀膜，也可在表面上使用其他材料来改变特性，如贴上木层和金属层等（图3-42）。玻

图3-39　玻璃结构屋顶

图3-40　钢材

图3-41　悬臂式建筑

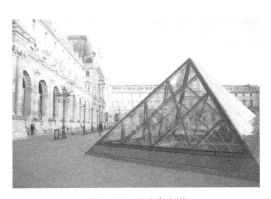

图3-42　玻璃金字塔

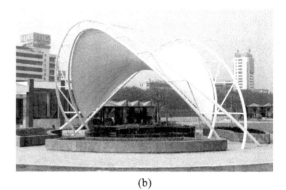

(a)   (b)

图 3-43　张拉膜顶棚

76

璃在建筑设计过程中已经成为重要的一环，通过改变光线进入建筑或空间的方式，从而提升整个设计的效果。

六、其他材料

除了木材、砖石、钢筋混凝土、玻璃和钢材等传统建筑材料以外，20 世纪后期以来，许多新型的材料陆续用于建筑。这些材料，有些具有特殊的物理性能，例如，在悬索结构建筑中广泛使用的张拉膜材料，为建筑带来了非常轻质的顶棚和更加自由的造型（图 3-43）；充气膜表皮带来了比玻璃更加轻质、节点更加简单的透光建筑表皮。而另一些则是在常用材料基础上通过工艺的处理成为更加节能环保的复合材料。例如在常用的空心混凝土砌块中填充轻质保温材料，既不增加自重，又提高了热工性能；还有一些石材饰面板，用很薄的石材面层和铝质蜂窝结构层复合而成，在减轻自重、减少石材消耗的同时，满足了装饰性要求。

著名建筑赏析

沙特尔大教堂

沙特尔大教堂是哥特式建筑的代表

作之一，属于标准的法国哥特式建形。大教堂高大的中殿呈纯哥特式尖拱形，四周的门廊展现了 12 世纪中叶精美的雕刻技艺，12、13 世纪的彩色玻璃闪闪发光。沙特尔大教堂是哥特式建筑和中世纪基督文明的辉煌成就。基督教传入之前，在沙特尔的代表就建起了这座教堂。现存沙特尔大教堂的主体建筑重建于公元 1194 年，公元 1264 年竣工。保留了原来的西门廊和三个正门上的 12 世纪时期的雕刻艺术作品。大堂有 3 个圣殿，分别与 3 座大门相通，其两侧分别有一座互不对称的尖塔式钟楼，其独特的建筑格局最为引人注目。中殿长为 130.2 m，正面宽 16.4 m，四分拱顶高达 32.5 m，带有侧廊式耳廊，每个耳堂作为出入口。沙特尔大教堂的中殿是法国教堂中最宽的中殿。大教堂里里外外、共有 1 万多尊用石头和玻璃制作的塑像。其中一件珍宝是一扇 12 世纪的窗子，被称作美丽的玻璃制的圣母玛丽亚。

沙特尔大教堂与兰斯大教堂、亚眠大教堂和博韦大教堂并列为法国四大哥特式教堂（图 3-44、图 3-45）。

图 3-44　沙特尔大教堂

图 3-45　大教堂细部

第四节
案例分析——印度管理学院

一、建筑概况

印度管理学院是由印度总理拨付资金兴建的综合性商业经济类院校。印度管理学院的 6 所分校分别位于艾哈迈德巴德、加尔各答、班加罗尔、勒克瑙、印多尔和科泽科德（图 3-46）。

二、建筑分析

印度管理学院位于艾哈迈达巴德。艾哈迈达巴德是印度重要的西部城市，其西部和北部被卡契邦的兰思沙漠和拉贾斯坦邦的塔尔沙漠所包围，6 月到 9 月会受到雨季的影响。该学院是由路易斯·康在

图 3-46　印度管理学院

1962 年至 1974 年之间设计完成的，整个设计过程持续了近 13 年，历经多次修改与深入完善。路易斯·康在设计中充分考虑了基地的气候、地理条件以及场所精神，在多次深化的草图中均体现了整体的秩序、几何形式的逻辑性等结构主义哲学思想。

印度管理学院设计中体现的结构主义哲学理念在路易斯·康的作品中，存在明显的秩序与几何形式的逻辑性。设计本身即是一个完备的系统，这在萨尔克生物研究所、理查德医学研究所、印度管理学院等诸多作品中均有所呈现，单纯的几何形式依靠控制轴线与系统进行完美的组合。

极爱用砖作建筑材料的路易斯·康利在这个校园的设计上完全以砖为材料，巨大的承重砖墙拔地而起，由混凝土联系着的砖砌缓拱构成墙面的开洞。人们可以从这种独特的表现方法上再次识别路易斯·康的建筑作品，墙壁各处的环形大开孔体现了无与伦比的砖工技术。穿过这些开孔

的光线突出了砖面的纹理，与砖石建筑永恒的质量相协调，给整个建筑以无限的宁静感（图 3-47、图 3-48）。

三、建筑理念

路易斯·康被喻为是跨越了现代主义与后现代主义的建筑大师，其作品超越了建筑形式依据建造技术与功能需要的逻辑关系，提出了形式本身存在的独立性与精神意义，且形式的构成应包含着系统的和谐与秩序感。本文以路易斯·康的重要作品——印度管理学院为研究对象，通过对作品整体秩序与几何形式的分析，探索其折射出的结构主义哲学思想。

结构主义是 20 世纪西方思想史上重要的理论思潮，更是思想方法上的一场广义的革命。因为结构主义理论活动遍及文学、历史、哲学等多个领域，具有重要的跨学科性质，哲学含义变成了整个结构主义中的一个成分，从而导致许多思想家认为结构主义相对于哲学理论而言，更是一

图 3-47　学院外景

(a)

(b)

图 3-48 学院局部

种思想方法。但是，国内外也有诸多学者认为：结构主义虽然主要是一种方法，但是由于所有的结构主义的研究中几乎都涉及哲学问题，因而结构主义研究活动的各个领域又都可以被看成是哲学活动的一种形式（图 3-49、图 3-50）。

路易斯·康不追随于现代主义的"形式追随功能"思想，而是提出了"形式启发功能"的理念，他对建筑形式的理解具有结构主义系统观，他认为："形式含有系统间的谐和，一种秩序的感受，也是事物有别于其他事物的特殊所在。"

(a)

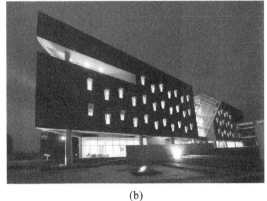

(b)

图 3-49 学院夜景

图 3-50 外部夜景

思考与练习

1. 建筑构成分为哪几类？

2. 外墙的建造需要考虑哪些因素？

3. 建筑的平屋顶与坡屋顶有哪些差异？

4. 建筑材料有哪些分类？

5. 木材作为建筑材料存在哪些优势？

6. 材料的选择需要考虑哪些方面？

7. 简单分析路易斯·康的结构主义思想，完成 1000 字左右的报告。

第四章
建筑创意设计

学习难度：☆☆★★★

重点概念：设计方法、建筑功能、建筑与环境

章节导读

中国目前的建筑设计过程被划分为不同的阶段，主要包括方案设计、初步设计和施工图设计三个阶段。建筑设计过程中的阶段化便于各个工作人员直接配合以及对建筑设计周期的控制，同时也有利于项目的组织与管理。除去前期的准备工作外，建筑设计最为重要的就是最初的建筑方案设计，建筑师将依据条件提出试探性的解决方法，例如空间形式的建构、结构形式的初步设想等。建筑师的设计思想和理念逐渐确立并更加明确。在方案完成后，建筑设计的思想和理念将延续整个建筑设计过程，并且还将继续影响着建筑的后续使用过程。

著名建筑赏析

比萨斜塔

比萨斜塔位于意大利中部比萨古城的教堂广场上，是一座古罗马建筑群中的钟楼。这座堪称世界建筑史奇迹的斜塔，不仅以它"斜而不倒"闻名天下，还因为1590年意大利伟大的科学家伽利略，这一实验曾在比萨斜塔做过自由落

体运动的实验，让两个重量相差 10 倍的铁球同时从塔顶落下，结果两球同时着地，这一实验推翻了束缚人们思想近 2000 年的理论。伽利略开创了实验物理的新高潮，被人称为"近代科学之父"，而他用来做实验的比萨斜塔也因此遐迩闻名。比萨斜塔高约 54.5 m，直径约 16 m，分为八层，除底层和顶层形状有所不同，其余 6 层的结构完全一样。比萨斜塔通体都是白色大理石砌成，四周以圆形立柱环绕，远远看上去像是一个硕大的鸟笼。据说，大约在 10 世纪，比萨王国打了一次胜仗，掠获了大量财宝。为了炫耀功绩，他决定建立一座大教堂，在教堂旁边修一个钟塔。钟塔建到三层时就发现向南倾斜，被迫停工。比萨斜塔从 1174 年始建，1372 年竣工，经历了 198 年。但由于塔身过重，地质松软，因此塔身仍以每年 1.25 mm 的速度向南倾斜（图 4-1）。

图 4-1　比萨斜塔外景

第一节
创意设计的产生

设计一件优秀的建筑作品是一件富有挑战性的事情，也是极具创造性的工作。在我国建筑领域中流传着一句名言：建筑设计是"只可意会，不可言传"。这意味着建筑创作似乎是与理性分析和逻辑探讨没有关系的一门学问。实际上并非如此，美国著名建筑师爱德华·艾伦曾说"建筑设计过程是如此神秘，很少有人有足够的勇气与智慧去总结它"。那么建筑设计的奥妙到底在哪里呢？或者说建筑想法是作者如何想到的，怎么设计出来的？对建筑设计这一行来讲，很难提出一种便捷的直线性的设计途径。对这样复杂的对象只能尽可能从多种角度和途径去看待它。实际上建筑设计也不是脱离实际的东西，或突然间凭空灵感迸发而创造出来的。好的建筑设计源于对设计对象的社会、历史、文化等实际背景，对场地精神、环境要素以及对所有可能的形式的严密分析与深刻认识。

　　一个好的建筑设计的创意和想法都是建立在对有关设计要素的严密分析和深刻理解的基础上。所有的客观设计要素，如场所、环境、文脉或任何与设计项目有关的因素，都可能激发建筑师的设计灵感。一件小小的偶然事件，一个功能的特殊要求，一种特别苛刻的基地条件，或一个令人耳目一新的观点，所有这些因素都会有助于我们的建筑创意，使我们形成一个特定的设计理念，即设计的"想法"。实际上，它也是设计者进入角色后，全身心地投入、冥思苦想的结果。设计创意究竟是如何产生和形成的，是很难说清楚的，但是在分析大量优秀建筑师所完成的设计作品中，我们可以总结一些创意设计方法：主题创意设计、环境创意设计、功能创意设计、仿生创意设计。

第二节
主题创意设计

　　设计如同写文章或者画油画，首先设计师要确定一个主题。无论是事或物，必须先对它的主题进行深度思考，使我们对它产生正确的认识和深刻的了解，这样才能产生某种理念。假如设计时没有主题的构思，就没有思考的对象，设计的作品就是毫无目的缺少灵魂的。有的建筑师就说"好的设计是要有重要的主题和潜台词的"。

　　我们要明确做设计要进行主题构思，形成自己的设计观念或理念，问题是理念又从何而来呢？应该说：设计观念就是因主题而生，由主题而来的。因此可以说：在进行创作时，"想法"是最重要的，它比"方法"、"技法"要重要得多。

　　在 20 世纪 70 年代中，上海火车站的设计就体现了设计观念的重要性。上海火车站位于市区，新车站的建设如何节地，如何利于组织城市交通，是该设计需要考虑的主要问题。与此同时，也有学者提出，设计要节约土地，简化城市交通，方便旅客。但是在提交评审的所有方案中，都采用了北京火车站的设计模式，没有针对主题提出明确的"想法"。尽管各个方案设计都很到位，建筑表现也很充分，但最后被一个新的"想法"彻底否定了。这个新的想法就是：为了节省土地，少占城市用地，少拆迁，建议充分利用空中开发的权利把铁道的上空利用起来，把候车室建在月台上，采用高架候车的方式设计上海火车站（图 4-2 ）。

　　这个"新想法"在我国首创了南北开口、高架候车的布局，为我国铁路旅客车站的设计开创了新的模式。它不仅达到了节省土地、简化城市交通的目的，而且为旅客进站提供了最简捷、最合理的流线组织方式。在此后的 20 多年中，国内陆续建设的大型新车站大多都效仿了这种模式。这个"想法"的提出就是

85

(a)

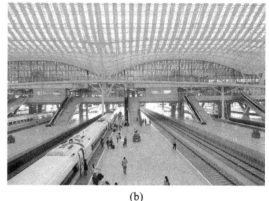
(b)

图 4-2 高架式候车站

由主题而生，是对主题深刻理解和认识的结果。由于对主题的认识正确，想法观念就正确，体现正确观念的方案也就自然被大家认可。

在设计时，一定要重视主题创意，在未认清主题之前，要反复琢磨、冥思苦想。只有对主题有了深刻的了解之后，才能产生合适的观念。另一方面我们也要避免把建筑创作变成一种概念的游戏，高谈阔论，也不要刻意为了追求某种理念而牵强附会。

观念的产生需要有一定条件和得体的方法，以下几点可作参考。

一、积累知识、利用知识

知识是创作的语言以及创作的工具，我们不仅要知道大量的相关知识，而且要懂得如何去应用知识。在产生观念之前，应以知识为工具，借以认清主题、分析内容、了解情况，才能有正确的观念。

有了观念之后，仍然要以知识为工具，借助于平时积累的设计语言，将其化为实际，才能设计出具体的方案来。因此设计构思必须要有充分的知识作为基础，否则连观念都弄不清，或主题都抓不住，盲目

设计自然不会产生好的结果。

二、调查研究、深入思考

设计前要进行调查研究，要体察入微，又要观察其貌，这样才能真正理解，才可能设计出良好的方案。如果不深入洞察，那我们的想法就会十分空洞，如果只研究局部而不顾其他，我们的观念就会与实际产生差距。

三、发散思维、展开联想

建筑创作一定要进行多种途径的探索，设计思维要"活"，要采用发散思维，要展开联想。因此，方案设计一开始，必须进行多方案的探索和比较，在比较中鉴别优化，同时在创作过程中，不能自我封闭、故步自封，通过交流、评议，开阔自己思维，明确创作的方向，完善自己的观念。

设计是观念的体现。设计创新首先是观念的创新。有些设计之所以摆脱不了陈旧的设计模式，缺少新意，追根究底，往往是受到了旧观念的束缚。仍以铁路旅客车站设计为例，这是一种传统的建筑类型，诞生于19世纪末叶，当时多是作为城市门户，讲究气派、重视形象，对车流、人流等功能问题缺少应有的重视。随着现代

城市交通的发展，铁路旅客站实际上也成为各类交通工具——铁路、地铁、轻轨、城市公交、长途汽车客运、专用车、私人小汽车及出租车辆的换乘中心，是城市内外联系最重要的交通枢纽（图4-3）。

1999年建成的杭州铁路客站，2000年获得全国优秀设计银奖。其成功之处就在于抓准了主题，在深刻认识和深入分析的基础上，形成了正确的设计观念，突破了传统的设计模式，将广场、站房和站场作为一个有机的整体，采用立体的空间组织方式，利用地下、地面、高架三个层面来组织流线，把进出的人流及车流有序地组织在不同的层面上，从而保证旅客快速进、出站（图4-4、图4-5）。

(a)

(b)

图4-3　铁路站

图4-4　杭州铁路客站

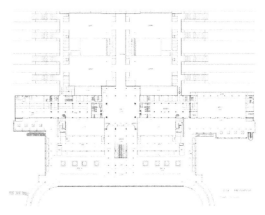

图4-5　客站设计图

小贴士

　　我们在最初设计时，必须对地段环境进行分析，要把客观存在与主观构思相结合。抓住建筑的特点、地位与环境之间的矛盾，这样我们的构思才会得体，设计的建筑才能与环境相互映衬、和谐统一。否则建筑可能会喧宾夺主，与周围环境格格不入。

场 地 设 计

场地设计是对场地内的建筑群、道路、绿化等全面合理的布置，并综合利用环境条件使之成为有机的整体，在此基础上进行合理的功能分区及用地布局，使各种功能区对内、对外的行为能合理展开，各功能区之间，既保持便捷的联系，又具有相对的独立性，做到动静分开、洁污分开等。期间，合理布置各种线路，如人流、车流等，同时明确建筑群的主从关系，完善空间布置。并根据用地特点及工艺要求合理安排场地内软硬地面的铺装、竖向设计、绿化配置和环境设施等。

第三节
环境创意设计

一、环境与创意的关系

如之前所说的，在设计创意时要考虑多方面的因素，包括基地条件、建筑物内在的功能要求、周围环境等因素。在这里我们着重讨论外部因素对创意设计的影响。外界因素范围很广，从气候、日照、风向、方位到地段的地形、地貌、大小、地质以及周围的道路交通、建筑、环境等各个方面，这里我们不一一分析，而着重研究环境与创意设计的关系。因为我们所设计的任何一幢建筑物，其体形、体量、形象、材料、色彩等都应该与周围的环境，主要是建成环境及自然条件等很好地协调起来。

二、环境类型与思维创意

尽管建筑位置的环境千差万别，但也可以把它们归纳为两大类，即城市型的环境与自然型的环境。前者位于喧闹的市区、街坊、干道或建筑群中，一般地势平坦、自然风景较少、四周建筑物多；后者则位于绿化公园地带，环境幽美的风景区或名胜古迹之地，林荫密茂，自然条件好，或地势起伏、乡野景致，或傍山近水、水乡风光。因此我们的设计立意就要因地制宜，以客观存在的环境为依据，顺应自然、尊重自然。严格地说，我们从事的规划和设计都是一种被动式的设计，但是要充分发挥设计者的主观能动性，充分地利用自然进行设计。因此，我们应该了解和掌握在不同的环境中设计建筑的一般原则和方法，以期获得比较好的设计效果。

1. 城市环境中的创意

在城市环境中，建筑基地多位于整齐的干道或广场旁，受城市规划的限定较多，这种环境中是以建筑为主。此时建筑创意可使建筑空间布局趋于整齐、紧凑；还可以设计为封闭或半封闭的类型；有时设立内院，创造内景，闹处寻幽；有时还能积零为整，争取较大的室外开放空间，增加绿化；有时竖向发展，开拓空间，发展上层或打入地下，开发地下空间；有时对于多年树木，"让步可以立根"，采取灵活布局，巧妙地保留原有树木，以保护城市中难得的自然环境。

　　在城市环境中进行单体设计时，既要考虑城市周边的环境，还要树立城市设计的观念。从建筑群体环境出发，进行创意设计与立意，找出设计对象与周围群体的关系（图4-6、图4-7），如与周边道路的关系，轴线的关系，对景、借景的关

系，功能联系关系以及建筑体形与形式关系等。只有当设计与城市形体关系达到良好的平衡时，建筑作品才能充分发挥自身积极的社会效益和美学价值。否则，一味以自我为中心，不顾"左邻右舍"，这样"邻里关系"自然不会融洽。无论单体设计如何精妙，如果它与周围建筑形体要素关系非常紊乱，那就绝不是一个好的设计。因为孤立于城市空间环境的建筑很难对环境作出积极的贡献。我国很多城市中的沿街建筑都是一幢一幢的，单看每一幢可能还不错，但是相互之间缺乏联系，缺乏整体感，这是因为孤立的设计，缺乏城市设计观念（图4-8、图4-9）。

图4-6　金茂大厦鸟瞰

图4-7　金茂大厦夜景

图4-8　西尔斯大厦

图4-9　西尔斯大厦夜景

图 4-10 丹麦住宅群

图 4-11 中银舱体大楼

2. 自然环境中的创意

在进行自然环境的创意设计时，因为其地段特点显然与城市环境特点不一，因此建筑物设计的立意也就不同。在这种环境中，总体布局要根据"顺应自然""融合自然""因地制宜"等观念来立意，结合起伏高低的地貌，利用水面的曲折与开阔，把最优美的自然景色尽力组织到建筑物最好的视区范围内。不仅利用"借景"和"对景"的风景，同时也要使建筑成为环境中的"新景"，成为环境中有机的组成部分，把自然环境和人造环境融为一体（图 4-10）。

一般来讲，在这种环境中，应以自然为主，建筑融于自然之中，常采用开敞式布局，以外景为主。为使总体布局与自然和谐，设计时要重在因地成形，因形取势，灵活自由地布局，避免严整肃然的对称图案，更忌不顾地势起伏，一律将基地"夷为平地"的设计方法。要注意珍惜自然，保护环境。为了避免"刹景"，一般要避免采用城市型的巨大体量，可化整为零，分散隐蔽，忽隐忽现，采用"下望上是楼，

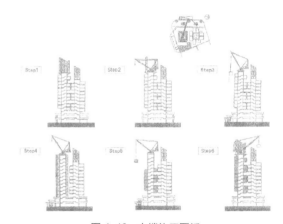

图 4-12 大楼施工图纸

山半拟为平屋"的设计方法。此外，在风景区中，建筑布局不仅要考虑朝向的要求，还要考虑到景向的要求；不仅要考虑建筑内部的空间功能使用，还要考虑视野开阔、陶冶精神的心理要求（图 4-11、图 4-12）。

通过环境塑造建筑是建筑师创作设计常取的一条途径。著名的澳大利亚堪培拉市政厅设计，建筑师把它建在一大片草地下，使建筑的外形融于自然环境之中。这一设计构思就是源于自然，源于环境。堪培拉的绿化非常好，市政厅的设计就是呼应这种绿化环境。正如澳大利亚著名建

图 4-13　堪培拉市政厅

图 4-14　古根海姆博物馆

筑师考克斯所说：澳大利亚的历史很短，没有什么传统可以借鉴，只有优美的自然景观，所以我们建筑师的任务就是要把这些景观同建筑很好地结合起来（图4-13）。

在原有建筑环境中增加新建筑，特别是在旧建筑旁边扩建，设计时更应该从实际建筑环境出发。为取得统一和谐，首先要考虑体形、体量组合的统一性，此外还要考虑尺度、主要材料的一致以及某些处理手法的相同、相似或呼应。又如出生于加拿大的美籍建筑师弗兰克·盖里设计的西班牙毕尔巴鄂古根海姆博物馆，它位于毕尔巴鄂市内贝拉艺术博物馆、大学和老市政厅构成的文化三角中心位置（图4-14）。博物馆将艺术作品展示空间结合地形自由灵活布局，将永久性展品布置在两组正方形展厅内，每组设有三个展厅，分别沿西、南两个方向布置于二层和三层上，临时性展品布置在一条向东延伸的长条形展廊内，它从天桥下面通过，并延伸至远端的一座塔楼内，当代艺术家的展品则散布于博物馆各处的线形展廊内，以便和前两者展品同时观赏。博物馆主入口设有一个巨大的中

图 4-15　博物馆内部

庭和一系列曲线天桥将三个楼层上的展廊连接到一起，中庭尺度巨大，高出河面50 m以上，吸引着人们前来参观。毕尔巴鄂古根海姆博物馆的设计充分考虑了所在城市的尺度和肌理的影响，让人联想到弗朗特河旁那些历史建筑，从而体现出建筑师对当地历史、经济及文化传统的关注与回应（图4-15）。

著名建筑赏析

圣马可广场

圣马可广场又称威尼斯中心广场，一直是威尼斯政治、宗教和传统节日的公共活动中心，它被拿破仑称为"欧洲最美丽的客厅"。圣马可广场东侧是圣马可大教堂和四角形钟楼，西侧是总督府和圣马可

圣马可广场在
历史上一直是
威尼斯的政
治、宗教和节
庆中心,是威
尼斯重要政府
机构的所在
地。

图4-16　圣马可广场

图书馆,广场有数以万计的鸽子及演奏乐队,时不时还有戴着奇异面具的小丑经过。广场边的码头称为小广场,这里竖立两根高大的圆柱,一个圆柱上的雕塑是威尼斯城徽飞狮,另一个圆柱上的装饰是拜占庭时期的保护神狄奥多尔。圣马可广场还是威尼斯嘉年华的主要场所,这里有各种各样的精品店,出售金饰、玻璃、寝具、服饰等,店面不大,但是橱窗设计都是一流的,颇具视觉享受,还有许多风格优雅的咖啡厅、酒吧和餐馆,是威尼斯的最佳徒步游览区(图4-16)。

三、自然环境的保护与创造

环境设计最重要的就是处理建筑与自然环境的关系,一般简单地说就是"因地制宜",即必须以客观存在的环境为设计依据。具体地讲可以从环境的保护、环境的创造和环境的利用三个方面来进行环境设计和立意。

1. 环境的保护

建筑设计首先要考虑对自然环境的保护,这个问题在提倡可持续建设的时代显得日益重要。尤其在某些情况下,要求尽量少破坏原有地形、地貌的环境条件,这种要求常常促使建筑师进行大胆的构思而创造出新意。国外在这方面的一些设想和实践对我们是有启发的。

例如已建成的葡萄牙石头形式的房屋,整个建筑坐落在山冈上的不同标高处,从外观来看具有整体性和统一性,自然环境基本和原来相同,这是保护环境的一种构思(图4-17)。再如加拿大温哥华哥伦比亚大学图书馆的扩建工程,又为我们提供了保护环境的另一种思路(图4-18)。在拥挤的校园里,扩建图书馆

(a)　　　　　　　　　　　　(b)

图 4-17　葡萄牙石头屋

图 4-18　哥伦比亚大学图书馆

工程唯一的基地就是老图书馆前的一个庭院和旁边的一条主要的林荫大道。为了保护前庭和林荫大道，设计者便构思将建筑设计向地下发展，将扩建的图书馆建于前庭林荫大道下，并且通过巧妙设计的采光井增加地下图书馆的采光。该工程建成后，前庭和林荫大道不受任何影响（图 4-19）。

从以上例子可以看出，即使在保护环境的背景下，建筑设计也绝对不是被动的，环境的限制促使建筑师们努力探索、创造新的建筑形式。因此，在名胜古迹之地设计新建筑，一定要珍惜古迹环境，一草一木都需慎重处置。文物离不开环境，一定要保护其周围的环境真实性。我国文化古迹甚多，这一问题特别值得重视。

图 4-19　图书馆局部

生物气候设计

随着时代的发展，地少人多的矛盾日益突出，未来将有更多的人生活和工作在高空中，因此让空中的环境尽可能与地面相同成为建筑构思的新方向。我们可以把摩天大楼看作是由地面向空中垂直发展的结果，而传统院落则是在地面层水平发展的产物，它们都具有自然景观的各种要素。因此生物气候的设计理念与方法应运而生，空中"垂直花园"成为一种新的趋势：各种植物、水石等自然要素被引入高层建筑中，使每层建筑都有来自地面上的植物、花卉等。"空中花园"使建筑和周围的植被相互融合，创造出一种生态的连续性。这些多层次的空中绿色植物不仅能发挥调节环境的作用，而且能改善空气，节省能源和水资源。

2. 环境的创造

对建筑师来说，广阔的自然条件既有有利的因素，同时也有不利的一面。环境的创造就是要变不利为有利，使所创造的室内外空间环境适于人们活动的需要，使人的生活与自然环境更密切地结合。实际的环境有时与这些要求存在很大的差距，这就需要建筑师发挥创造性，对出现的问题进行妥善的解决。

在现代，由于工业发展迅速，地球上的自然环境逐渐恶化，在建筑学领域开始兴起一个新的主题——生态建筑，建筑设计结合气候因素进行设计已成为普遍的趋势。我国城市化迅速发展，城市中地少人多的矛盾日渐突出，大中城市中高层建筑的发展在我国已成为不可抗拒的趋势（图4-20、图4-21）。例如气候条件对建筑的影响是显而易见的。北方地区寒冷，建筑布局多封闭，以创造有利于御寒保暖的空间环境。南方地区炎热，建筑布局宜开敞通透，以创造有利于通风散热的阴凉环境。当今由于现代技术和设备的发展与应用，人们更着重于探讨冷和热的问题，致力于创造更有利于节能的新的空间形式。同样，在炎热的科威特，有一个住宅综合体的设想方案也以同样的构思、相似的技术手段，创造了气温适宜、室内外融合为一体的空间环境，既是室内，又有自然气息，以适应阿拉伯地区炎热的气候条件。

人是自然界的一种生物，从生态学讲，热爱和向往自然是人的本能和天性。当今，城市居民整天生活在高楼大厦、铺装饰面的人为环境中，接触自然山水的机会很少，生活枯燥乏味。人们渴望接触自然，从有限的人为环境中解放出来，这促使建筑师开始模仿自然、回归自然、创造自然环境。因此，从旅馆开始，近代国外很多建筑逐渐流行一种多层的内院大厅，利用顶部天窗采光，利用树木、水面、阳光、山石组成优美的人造自然环境，使人虽居闹市之中，仍能享受到自然之情趣，给人以身处郊外的愉快感觉。在这方面，我国古典园林建筑有着丰富的经验，它把建筑、山池、花木融为一体，用"依山傍水"的手法，再现大自然的风景。我们要"古为今用"，把古典园林的设计方法应用于公共建筑设计（图4-22）。

对于高层建筑来讲，由于难以接近自然，所以要创造室外的空间环境。实践表明，高层建筑在适当的楼层上结合休息室等公共设施，设计布置天台花园、筑池叠石、盆栽花木，创造空中花园式的自然环境是完全可能的（图4-23）。

人们都希望公园等公共空间的环境相

图4-20　新加坡体育馆

图4-21　生态住宅

(a)

(b)

(c)

(d)

图 4-22　中国古典园林

(a)

(b)

图 4-23　空中花园

对安静，不希望布置在临街吵闹的街区，但是在人口众多、环境恶化、交通拥堵的城市中，寻找安静的环境并不容易，这种情况下只有通过建筑师的努力，巧妙构思，争取相对安宁的环境。除了尽可能在室外设置绿化带以外，重要的是通过空间的布局来解决。例如：可以利用竖向空间组织，将要求"静"环境的部分置于上部；也可在噪声来源方向，利用辅助用房做成隔声屏障，甚至将"静"区围在其中。

综上所述，环境与建筑是建筑创意设计的一个首要问题。环境是建筑设计的客

中国园林的特点

1. 本于自然、高于自然

自然风景以山、水为地貌基础，以植被作装点，山、水、植物乃是构成自然风景的基本要素，当然也是风景式园林的构景要素。但中国古典园林绝非一般地利用或者简单地模仿这些构景要素的原始状态，而是有意识地加以改造、调整、加工、剪裁，从而表现一个精练概括的、典型化的自然。惟其如此，像颐和园那样的大型天然山水园才能够把具有典型性格的江南湖山景观在北方的大地上复现出来。这就是中国古典园林的一个最主要的特点：本于自然而又高于自然。这个特点在人工山水园的筑山、理水、植物配植方面表现得尤为突出。

2. 建筑美与自然美的融合

法国的规整式园林和英国的风景式园林是西方古典园林的两大主流。它们有一个共同的特点：把建筑美与自然美对立起来，要么建筑控制一切，要么自然控制一切。中国古典园林则不然，建筑无论多寡，也无论其性质、功能如何，都力求与山、水、花木这三个造园要素有机地组织在一系列风景画面之中，突出彼此协调、互相补充的积极的一面，限制彼此对立、互相排斥的消极面。

3. 诗画的情趣

园林的景物既需"静观"，也要"动观"，即在游动、行进中领略观赏，故园林是时间和空间两者综合的艺术。中国古典园林的创作，能充分地把握这一特性，运用各个艺术门类之间的触类旁通，融合诗画艺术于园林艺术，使得园林从总体到局部都包含着浓郁的诗、画情趣，这就是通常所谓的"诗情画意"。

97

小／贴／士

观依据，对建筑设计既有制约的一面，也有促使产生新的建筑形式的一面；它既有要保护的一面，又有可以利用并创造出高于自然的一面。因此在建筑设计过程中要积极、辩证地对待环境的处理，既不能完全受自然支配，被动地设计方案，也不能全然忽视自然条件和环境的特点，随心所欲地发挥想象，做出不切实际的设计。

3. **环境的利用**

在日常的设计中，建筑师必须充分利用自然环境的特点，为创造环境服务，这是一种经济的途径，往往可以取得事半功倍的效果。要"巧于因借"，才能"得体合宜"；要因形取势，因地成形；要无拘远近，借景入画，给人一种身心愉悦的效果。通过取于自然，用于自然，使内外空间互相渗透，互相利用，互相补充，从而融为一体。

因此，对于建于郊野、山林、自然环境幽美之处的建筑，设计的构思应侧重于利用自然、顺其自然，要避免破坏山水轮廓，破坏其起伏连续，从而有损建筑与环境的有机结合。同时切忌将坡面削成梯级，高建挡土墙，造成环境生硬呆板；基地上原有的一草一木、一水一石，也要设法利用，构思于方案之中。如20世纪70年代建成的广州白云宾馆，设计者就利用地势和自然环境，在33层的主楼之前，按设计意图组织了一组山石水池的前庭，使车道绕沿山石，门廊架山石而起，保留了池边苍劲挺拔的劲松，又在高楼与餐厅之间，保留了一丛古榕，立于巧塑顽石之上，假水瀑流，清池风底，使人虽在高楼旁，却感觉身居自然之中。该设计利用自然，又创造了比自然更高的意境（图4-24、图4-25）。

随着工业发展和人口集中，土地紧张问题日渐严重。合理地利用土地成为一个极为重要的问题，在建筑设计中要以长远的战略眼光来认真对待土地问题。所以，合理地利用基地是环境与构思关系中必须考虑的一个重要因素，土地的利用率也必然成为评价一个规划或设计方案的重要标准。

立体化利用空间是充分利用土地资源的一个行之有效的设计策略，在寸土寸金的建设地段或在基地小的情况下，就要在这方面多动脑筋。如梨花女子大学图书馆，馆址选在各馆之间的空地上，面积本来就很小，同时为了保护环境，设计时把仅两层高的图书馆中的一层半沉于地下，屋顶

图4-24 白云宾馆

图4-25 白云宾馆内部

(a)　　　　　　　　　　　　　(b)

图4-26　梨花女子大学图书馆

上种植草坪、树木，保留了此地原有的一个较大的开放空间。东南部分设计了一个下沉式内院，使阅览室虽在地下却犹如在地面绿化庭院之中（图4-26）。

第四节
功能创意设计

在主题创意设计中我们提到：设计者对文化、社会和历史文脉的深刻理解是方案设想的重要基础。但是，需要强调的是建筑的计划，即立项的目标、功能的需求、运行管理模式、空间的分配与使用、建造方式以及特殊的使用要求和业主的意愿等，这些才是评判一个方案好坏的最终依据，是塑造成功建筑首要的因素。即任何创作都有一个不能违背的共同的根本要求，那就是建筑建造的目的和所需要的适应性及其可发展性即它是什么？它还能做什么？因此，我们设计最基本的就是从功能和计划要求入手，这是最重要也是最实在的。

在进行这种设计时，建筑师需要与业主或使用者进行讨论，以便可以了解更多的信息，加强对业主意图的了解，深化对功能使用的理解，可以获得有助于解决问题的信息。

如在传统图书馆的设计中，管理者非常重视阅览室和书库的朝向问题，以便为读者创造良好的阅读环境，但是却严重忽视了图书馆中工作人员的工作环境。其实，他们才是图书馆的长期使用者，因此更需要受到照顾。通过这些思考，建筑师提出要使图书馆每一个部门都是南北朝向，创造较好的自然光照和自然通风条件的设计目标和构思。最后，建筑师提出了带有内庭的垂直式空间布局方案：将书库置于底层，采用堆架式，共2层，借书厅、出纳目录室也置于底层，与书库相邻，业务办公与行政办公用房独立设置于主体的南面，与主体之间形成一个小的内庭。由此在图书馆的设计中做到了藏、借、阅、管四个部分全部南北朝向的要求，创造了垂直式布局的图书馆设计模式（图4-27）。

功能设计的一个重要的问题就是功能

(a)

(b)

图 4-27　圣三一图书馆

定位。功能定位一般在业主的计划中是明确的，但是设计创意的准确性取决于设计者对其认识的深度，对于一些综合性的建筑更要深入了解。北京恒基中心的设计是一个很好的例证（图 4-28）。它建于北京火车站前街东部地段，开发这块地段的一个重要的意图就是为北京火车站服务，做多功能经营。北京火车站人流每日总共 30 万人次，为此，设计要考虑客流量的输出，缓解站前广场巨大的人流压力。设计者意识到这不是单体建筑设计，其功能定位应是混合使用中心，因为它具有多种使用功能，集办公、宾馆、商业、娱乐和公寓为一体。根据这样的分析定位，设计者除了做好办公、商业、宾馆等单项功能分区外，还特别设计了一个大的内院，对内它是公共空间，把建筑群各个部分有机地组织在一起，对外它与城市空间沟通，形成开放空间，成为城市的"起居室"。它正是根据混合使用中心的功能定位而提出"城市起居室"的设计创意（图4-29）。

在总体规划中，地块如何使用，空间如何构架，也是从功能出发来构思的。功能定位以后，把大的功能分区做好，在此基础上建立总体的空间结构体系。

北京恒基中心注重运用精巧古典建筑处理手法并融合古都风貌理念，在东北角办公楼顶部设置钟楼作为附近地区的标志建筑。

图 4-28　北京恒基中心

图 4-29　恒基中心夜景

图4-30　吴哥窟

图4-31　吴哥窟局部

著名建筑赏析

吴哥窟

吴哥窟又称吴哥寺，位于柬埔寨，被称作柬埔寨国宝，是世界上最大的庙宇，同时也是世界上最早的哥特式建筑。吴哥窟原始的名字是 Vrah Vishnulok，意思为"毗湿奴的神殿"，中国佛学古籍称之为"桑香佛舍"。12世纪时，吴哥王朝国王苏耶跋摩二世希望在平地兴建一座规模宏伟的石窟寺庙，作为吴哥王朝的国都和国寺。因此举全国之力，花了大约35年的时间建造。它是吴哥古迹中保存得最完好的建筑，以建筑宏伟与浮雕细致闻名于世。吴哥窟巨大的庙宇坐落在炎热、潮湿的雨林中部空旷地带。它是世界上最大的宗教建筑。主庙被一排排围墙包围着，它的一些巨塔形似含苞欲放的荷花。庙内有许多雕像、台地和庭院，成对称布局。吴哥窟的长廊外部雕有丰富多彩的印度教神像和神话传说。整个庙宇由大石块砌筑而成，石块间缝隙严密，没有使用任何黏合物。1992年，联合国教科文组织将吴哥古迹列入世界文化遗产（图4-30、图4-31）。

第五节
仿生创意设计

1960年，仿生学作为一门独立的学科正式诞生。仿生学的希腊文 Bionics 意思是研究生命系统功能的科学。仿生学是模仿生物来设计技术系统或者使人造技术系统具有类似于生物特征的科学。确切地说，它就是研究生命系统的特点、结构、功能、能量转换、信息控制等各种优异的特征，并把它们应用于技术系统，改善已有的工程技术设备并创造出新的工艺过程、建筑造型、自动化装置等技术系统的综合性科学。高效、低耗和生态永远是科技追求的目标。建筑应该向生物学习，学习其优良的构造特征，学习其形式与功能的和谐统一，学习它与环境关系的适应性，不管是动物还是植物都值得学习、研究、模仿（图4-32）。

形态仿生是设计对生物形态的模拟应用，是受大自然启示的结果。每一种生物所具有的形态都是由其内在的基因决定的，同样，各类建筑的形式也是由其构成的因子生成、演变、发育的结果。它们首

(a)　　　　　　　　　　　　(b)

图 4-32　生态设计

先是"本于自然"的。今天,建筑创作也要依循大自然的启示、依照自然规律,不是模仿自然,更不是毁坏自然,而应该是回归自然。自然界中,生物具有各种变异的本领,自古以来吸引人去想象和模仿,最早将建筑有意识地比拟于生物至少可以追溯到公元 1750 年前后的欧洲。早先的生物拟态总是用动物而不是用植物,当时认为:自然界是有意对称的,同样建筑也应该是对称的。直到 19 世纪初,有机生命被认为是植物类机能的总称,植物的不对称性被认为是有机构造的特征,也成为建筑追求的一种自然形态。将建筑比拟于

生物,最突出的就是赖特的"有机建筑"理论了。赖特认为:建筑比拟于生物如结晶状的平面形式、非对称的能增长的空间形态乃至地方材料的应用等。有机建筑就是"活的建筑",每个构图、每种构件和每个细部都是为它必须发挥的作用而慎重设计的结果,正如生物体中的血管系统都是直接适应于功能的要求一样(图 4-33)。

21 世纪将是回归自然的年代。现代设计不再只注重功能的优异,同时也在追求返璞归真,提倡仿生设计,让设计回归自然。自从 20 世纪 60 年代仿生学提出以

(a)

(b)

图 4-33　仿生建筑

后，建筑师们也在这方面进行了很多的探索与实践，创造了一系列全新的仿生结构体系。下面将介绍一些具有仿生特征的空间结构。

一、美国旧金山的圣玛丽主教堂

这个教堂由彼得罗·贝鲁奇设计，1971 年建成，可容纳 2500 人。这是运用空间结构新技术创造的象征教堂意义的新形象（图 4-34）。

贝鲁奇是一位善于设计教堂的建筑师。他认为宗教建筑的艺术本质在于空间，空间设计在教堂设计中具有至高无上的重要性。因此，在这个主教堂设计中，他把平面设计成正方形，上层的屋顶设计由几

片双曲抛物线形壳体组成，高近 60 m，壳体从正方形底座的四角升起，随着高度的上升逐渐变成了几片直角相交的平板。几片薄板在顶上形成具有天主教标志的十字形和采光天窗。它与四边形成的垂直侧光带共同照亮了教堂的室内，窗户采用了彩色玻璃，加深了教堂的宗教气氛。同时这种造型也创造了高峻的、具有崇神气氛的宗教建筑外观形象。

二、肯尼迪机场

肯尼迪机场位于距离曼哈顿东南大约 26 公里处，由沙里宁设计，是离纽约最近的国际机场（图 4-35）。沙里宁是一个将建筑的功能与艺术效果完美结合的建

(a)

(b)

图 4-34　圣玛丽大教堂

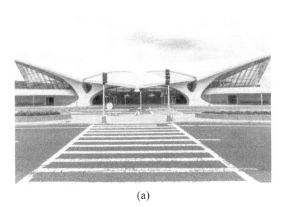

(a)

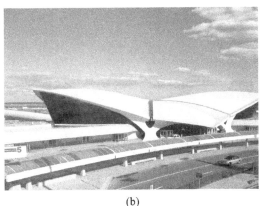

(b)

图 4-35　肯尼迪机场

筑家，他具有独特的艺术想象力和建筑思想，设计了许多雕塑性非常强的作品，对后来的建筑设计影响深远。

整个机场的线条都是曲线形，基本没有规范的几何形态，从外形来看像一只飞鸟，展现出惊人的气魄和美感。以这种形式构思设计的现代建筑成为了仿生形态建筑中的一个里程碑。

第六节
案例分析——波兰歪屋

一、建筑概况

歪屋位于波兰索波特市，是一家生意兴隆的购物中心的附属建筑，已经成为当地著名的旅游景点。它建于 2004 年，楼身呈扭曲的褶皱形。房子的用色夸张而鲜明，夺目的蔚蓝、脆嫩的绿色、柔和的浅黄，五颜六色的玻璃及各种装饰给人留下了深刻的印象。

由于房子的外观如此俏皮奇特，索波特市市长杰克·简奴斯基将其命名为"扭曲的房子"。它是波兰出镜率最高的建筑物之一（图 4-36、图 4-37）。房子里面是各种各样的酒吧和餐馆，但遗憾的是这些内部设施并没有严格与其外表的扭曲风格相一致（图 4-38）。

二、建筑分析

歪屋于 2003 年投入使用，虽然它的外表看起来有些可笑，但质量却很不错，达到了最高的 A 级建筑质量，并在建成的当年就获得了商业中心建筑年度奖。

图 4-36　歪屋

104

(a)

(b)

图 4-37 歪屋夜景

图 4-38 歪屋内部

图 4-39 歪屋局部

歪屋建造时使用的是一种以火山岩为材料的空心建材，既隔冷又隔热，建房用的大块建筑材料没有一块是规则的，这些材料块是在图纸设计完成后一块一块制成的，每块建筑材料的形状虽然不同，但厚度都是 600 mm，最后由工人像搭积木一样把它们搭建起来。值得一提的是，与歪屋相邻的建筑也都是三层的，并且歪屋每层的窗沿也与相邻建筑的大小基本相当，因此虽然歪屋是扭曲的，但并不扎眼，而是与街上的相邻建筑形成特有的和谐。

三、设计理念

设计灵感来自旅居波兰的瑞典画家达赫尔博格的作品，达赫尔博格以不使用直线著称，设计者扎列斯基还借鉴了波兰画家闪采尔的童话插图和西班牙设计大师高迪创作的建筑作品。歪屋的正面是一张人脸，让人想起蒙克的作品《呐喊》里的那张脸。而这栋房子之所以这样扭来扭去，主要是因为设计者参照了杰·马辛·赛瑟以及皮尔·达赫尔博格这两名画家的一些元素，使房子的外观很好地适合了这条街的街头元素（图 4-39）。

著名建筑赏析

拙政园

拙政园名冠江南，胜甲东吴，是中国的四大名园之一，也是苏州园林中的经典作品。拙政园位于苏州古城区东北楼门内的东北街，园林占地面积约 4.1 公顷，明正德年间（公元 1509 年）由御史王献臣始建。在以后的四百余年间，沧桑变迁，屡易其主，几度兴废，原来浑然一体的园林演变为互相分离、自成格局的三座园林。早期王氏拙政园，有文征明的拙政园"图""记""咏"传世，比较完整地勾画出园林的面貌和风格。当时园广袤约 13.4 公顷，规模比较大。园多隙地，中亘积水，浚沼成池。有繁花坞、倚玉轩、芙蓉隈及轩、槛、池、台、坞、涧之属，共有三十一景。整个园林竹树野郁，山水弥漫，近乎自然风光，充满浓郁的天然野趣（图 4-40）。园南还建有苏州园林博物馆，是国内唯一的园林专题博物馆。

拙政园与北京颐和园、承德避暑山庄、苏州留园一起被誉为中国四大名园，截至 2014 年，仍是苏州现在最大的古典园林。

(a)

(b)

图 4-40　拙政园

思考与练习

1. 设计的创意是如何产生的?

2. 如何设计出富有创意的主题?

3. 设计中需要考虑建筑的哪些功能性?

4. 从环境中我们可以得到哪些关于设计的启发?

5. 从功能与环境方面分析研究一个建筑。

6. 如何在建造中最大限度地对自然进行保护?

7. 从建筑的功能与环境方面出发,设计 1 个小型建筑方案。

第五章
建筑设计与空间的关系

学习难度：☆☆★★★

重点概念：空间要素、空间尺度、支撑体系

章节导读

这一章节将基于从现象到本质、从具象到抽象、从整体到细部、从经验到知识的认知路径，来选择认知对象。对建筑学知识的学习，要以初学者日常所见的实体建筑作为起点，由建筑外部形体至建筑内部空间、逐步深入地认识建筑。两千多年前，老子曾说过："人法地，地法天，天法道，道法自然。"因此，要使我们创造的人造环境与自然能和谐地结合，在建构空间时，一定要善待自然。在此前提下，以人为本，创造空间。

著名建筑赏析

克里姆林宫

莫斯科克里姆林宫位于俄罗斯首都的中心。它那高大坚固的围墙和钟楼、金顶的教堂、古老的楼阁和宫殿，构成了一组无比美丽而雄伟的建筑艺术。它已经被联合国教科文组织列为世界文化和自然保护遗产。克里姆林宫是俄罗斯国家的象征，是世界上最大的建筑群之一。克里姆林宫的"克里姆林"在俄语中意为"内城"，

图 5-1　克里姆林宫

在蒙古语中，是"堡垒"之意。克里姆林宫位于俄罗斯首都的最中心的博罗维茨基山冈上，南临莫斯科河，西北接亚历山大罗夫斯基花园，东南与红场相连，呈三角形。保持至今的围墙长约 2235 m，厚约 6 m，高约 14 m，围墙上有塔楼 18 座，参差错落地分布在三角形宫墙上，其中最壮观、最著名的要属带有鸣钟的救世主塔楼。5 座最大的城门塔楼和箭楼装上了红宝石五角星，这就是人们所说的克里姆林宫红星。克里姆林宫享有"世界第八奇景"的美誉（图 5-1）。

第一节
建筑的空间构成

一、建筑空间与宇宙空间

长期以来，人们都把建筑看成是人们生活的容器，因为建筑是为人的生产和生活创造的活动场所——空间。但从宏观来看，即从大建筑观来看，宇宙是由天、人、地三者构成的，人在宇宙中是客体也是主体，建筑空间是宇宙空间的一部分——是在宇宙中划分出来的空间。在自然界中，宇宙空间是无限的，但是建筑空间却是有限的。因此，任何建筑空间的创造都要慎重地对待宇宙中的另外两个客体：天、地，即自然。

所以，建筑空间是人们为了需要而创造的"生活容器"，是自然中的一部分，因此建筑空间要像自然万物一样，尊重自然、适应自然、顺应自然，与自然共同生存。

二、建筑空间的构成

建筑空间包括建筑外部空间和建筑内部空间，它们的组成都包含两部分要素，即物质要素和空间要素。

1.物质要素

建筑是由物质材料建构起来的，不同的物质要素在建筑空间的构成中起着不同的作用。例如，墙体除了负有承重作用外，也可围合空间和分隔空间（图5-2）；楼板除了承受水平荷载外，也可以围合和分隔上下垂直空间（图5-3）；顶层楼板（屋盖）可分隔内外空间；楼梯、电梯、台阶等可以连接上下空间（图5-4）；门窗既可分隔空间又可联系空间；梁、柱、屋架等结构部件则是建构建筑空间骨架的支撑

体系；顶棚、内外墙体的装修就是建筑装饰的载体。因此，建筑空间的创造是通过这些物质要素合理地建构在一起，以取得特定的使用效果和空间艺术效果。

2.空间要素

空间和实体相对存在。上述物质要素可构成各种各样的实体——柱、坪、梁、板、墙等，建筑空间由这些实体组合而构成。建筑空间是由上、下水平界面（屋顶、楼板、地面）和垂直界面（柱、墙等）围合而成。人们对建筑空间的感受是通过这些实体而得到的（图5-5）。

图5-2　围合空间

图5-3　楼板层

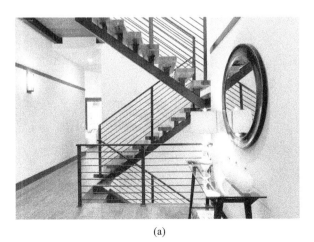

(a)

(b)

图5-4　垂直空间感受

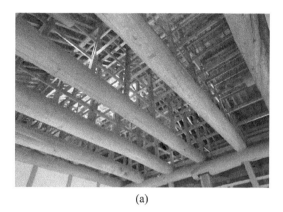 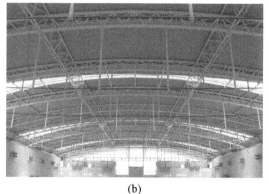

(a)　　　　　　　　　　　　　　　　　(b)

图 5-5　房梁构件

第二节
建筑的外部形态

一、建筑的形态特征

在现实生活中，整体地看，大多数建筑以三维体积的形式存在（图 5-6）。因此在看到一座建筑时，人们对它的总体印象首先是其大致的三维形体特征，包括它的几何形状、体积大小，即所谓的"体形"和"体量"。比如一个长方体建筑，它的长、宽、高构成了总体的三维形体特征，而人们主要是通过它的几何轮廓，也就是

长方体的每条边去认识它的形状的。同时，建筑的长、宽、高越大，其体量也就越大。因此，体形描述的是建筑形体的几何形状，体量描述的是人对这一几何形状大小的感知。

在生活中出现的大多数建筑不会只是由一个简单的几何形体构成，它们往往包含了多个形体组合的关系或简单的形体切割。人们看到的建筑轮廓越复杂，它的三维几何形体构成也越复杂。单纯使用简单的几何形体会使建筑看起来更大。而使用更多的形体组合会消减和弱化建筑过大的体量感（图 5-7）。

建筑形体　　　　　建筑体量　　　　　单一形体与组合形体

图 5-6　建筑的三维特征

①　　　　　　　②　　　　　　　③　　　　　　　④

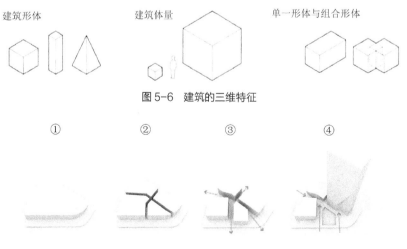

图 5-7　建筑体量

二、建筑形态的图纸表达

当我们需要对感兴趣的建筑进行记录时，我们就需要使用二维的媒介——图纸。对于普通人来说，通常的方法就是通过摄影或绘画写生呈现出建筑的形象。这两种方式能表达出观察者在某一静止位置和方向观察到的建筑形象和场景（图5-8、图5-9）。

我们还可以通过轴测图的方式表示建筑的三维形体特征，与透视不同的是，它在绘制时保持建筑形体上平行线的平行关系，使建筑形体的不同面可以按照一定比例组合在图形中。

但多数情况下建筑专业人员在进行专业交流时所使用的并不是透视图或轴测图，而是正投影图（图5-10、图5-11）。这是因为透视图所表达的建筑形体，与绘图所设定的观察点远近相关，

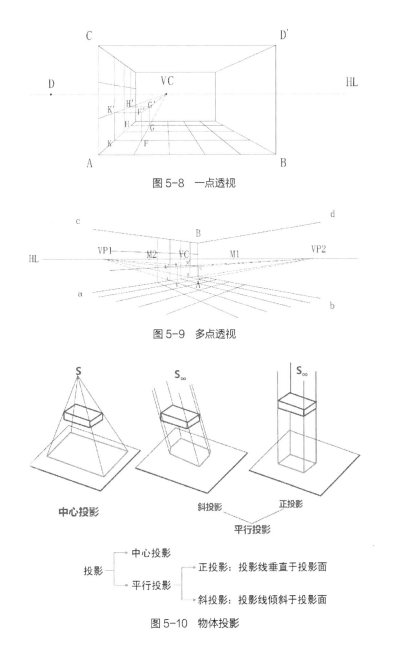

图 5-8　一点透视

图 5-9　多点透视

图 5-10　物体投影

平行投影是在一束平行光线照射下形成的投影。在平行投影中，同一时刻改变物体的方向和位置，其投影也跟着发生变化。

一般来说，用三个相互垂直的平面做投影面，用形体在这三个投影面上的三个投影，才能充分地表示出这个形体的空间形状。

三个相互垂直的投影面，称为三面投影体系。

形体在这三面投影体系中的投影，称为三面正投影图。

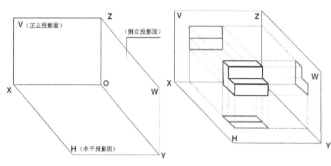

图 5-11　平行投影画法

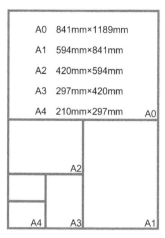

A0	841mm×1189mm
A1	594mm×841mm
A2	420mm×594mm
A3	297mm×420mm
A4	210mm×297mm

图 5-12　国际标准纸张大小

存在近大远小的形变，并不能直观准确地反映建筑形体的真实尺寸关系。

在这里需要注意的是，通常图纸是供人拿在手中阅读的，因此图纸的尺寸大小在绝大多数情况下都远远小于实际建筑的尺寸。因此，我们在进行正投影作图时，要按照一定的比例缩小建筑的实际尺寸，使它能够被绘制到图纸上，这样图纸上各种投影线条的关系就能够还原而不会造成失真。

图纸比例指的就是图形与实物相应要素的线性尺寸之比。图纸比例的标注方法为将图纸单位尺寸与它表达的实物尺寸用":"符号分隔开，标注在图纸的名称之后。在某些表示建筑群体布局关系的小比例尺的总平面图上，会使用绘制比例尺的方式来表达图纸比例。建筑学常用的图纸比例有 1:1000、1:500、1:200、1:100、1:50、1:20 等，在同样大小的图纸上，使用的比例越大，反映的细节越多。因此需要根据表达的建筑内容，选择合适的图纸比例（图 5-12）。

小贴士

徒手线条画通过改变对工具的使用，以徒手绘制代替工具绘制，是一种快捷实用的表达方式。徒手线条画是建筑师必须掌握的基本功之一，这种表现方式十分简便快速，只需一支笔、一张纸，就可广泛搜集资料、速写、绘制草图、绘制表现图和设计过程图。

三、建筑的立面图

除了建筑外形、屋顶、建筑外表面、门窗等洞口、建筑材料的颜色及质感也是观察者最先感知的部分。用平行投影的方

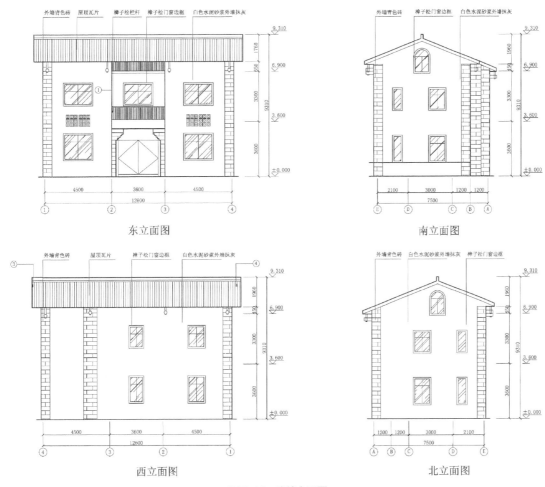

东立面图

南立面图

西立面图

北立面图

图 5-13　建筑立面图

法描绘这些表面的建筑图纸被称为立面图（图 5-13）。由于大多数建筑形体都由长方体构成，因此通常只用四个方向的立面图就能较全面地反映出建筑的外在形象。不同比例的立面图可以表现出不同的细节。同时，在图纸上使用不同粗细的线条，可以表达出立面上不同的空间深度信息。在通常情况下，在图纸上使用3~4个粗细等级的线条就可以表达不同的空间深度的信息，为了表达地较为明确，每一等级之间应遵循 1:2 的粗细比例关系。例如：最粗一级，表示建筑所在的地面；次粗一级的轮廓线，用于描述建筑主要形体

的几何轮廓以及门窗等洞口；最细一级则表达如墙砖等材质的划分以及门窗内框等相对处于同一平面上的细节信息。专业的建筑二维技术图纸，应当在右下角标注图名和图纸比例。

第三节
建筑的内部空间

一、人与建筑空间

虽然大多数情况下人们对一幢建筑最初的感受是从建筑外部感知它的形体、体量、立面凹凸以及材料的质感色彩，但建

筑最初是为了给人们提供遮风避雨的活动场所，因此，建筑最重要的部分在于它的内部结构。学习建筑设计，我们必须走进建筑，了解它的内部空间。

如果把建筑比作一个容器，那么建筑的空间就是容纳人活动的地方，与人的活动需求紧密相连。首先，人类最本质的需要是生理上的需要，比如遮风避雨、休养生息。原始人类在没有学会主动建造时，利用了大自然提供的简单容器——洞穴的内部空间，来满足自身的基本需要。随着人类需求与能力的提升，需要的空间也越来越复杂，那么就产生了主动建造空间并对其内部空间进行分割规划的需要。但由于地球重力的存在，无论建筑本身还是人的活动都具有两个基本的方向：水平方向与垂直方向。空间的划分也就可以分为两种基本的方向：水平方向的分割和垂直方向的分割。比如现在普通的家庭住宅，就有客厅、餐厅、厨房、卫生间、阳台以及若干个卧室的水平方向的空间区分，以满足家庭生活的不同需要（图5-14）。除

了在水平方向上分割空间，建筑也在向高处发展，因此在垂直方向上也产生了分割限定空间的需要，建筑因而产生了楼层的变化，楼层之间用楼梯等垂直交通工具进行联系。

二、空间的平面图与剖面图

立面图无法反映建筑内部空间的分割情况，因此我们需要靠其他的图纸来完成。能够反映建筑内部空间分割的正投影图，就叫平面图与剖面图。

平面图是假设将建筑沿着某一水平面剖切开，向下投影表达其内部的水平空间分割情况的正投影图。如果一座建筑有多个楼层，就需要分别对这些楼层进行剖切，表达每一个楼层不同的空间分割情况（图5-15）。一般平面图绘制所假设的剖切面在高于窗台的楼层中部位置，这样可以尽量全面地表示出墙面上所开洞口（如门、窗）的位置、宽度。一些高于剖切面但又在本楼层的部分，比如高窗，就需要用虚线加以表达。但剖切面的位置也不是绝对的，对于一些楼层变化比较特殊的建筑，

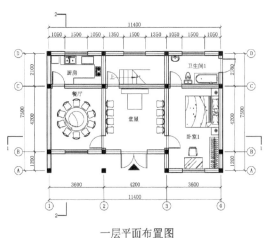

一层平面布置图

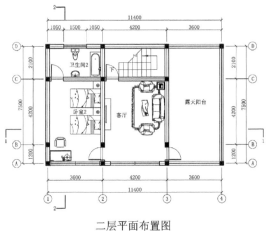

二层平面布置图

图5-14 空间的水平分隔

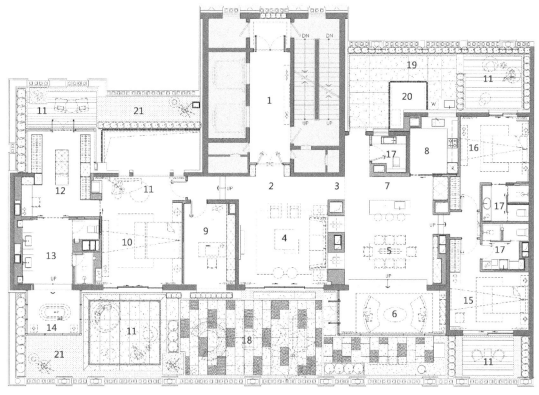

图 5-15　建筑平面图

剖切位置可以灵活掌握，关键是尽量表达全面建筑内部空间分割的信息。

　　剖面图则是假设将建筑沿着某一垂直面剖切开，表达其内部垂直空间分割情况的正投影图。剖面图也需要选取有尽量多空间信息的部分，比如楼梯位置、下楼层的连接情况等。剖切后的投影方向有两个，我们需要根据空间信息选择投影的方向。如果一座建筑的楼层分割比较复杂，就需要多个剖面图进行全面的剖析。

　　平面图与剖面图都是对建筑进行假设性的剖切，因此具有相似性，只是剖切的方向不同。和立面图一样，在平面图与剖面图中，也需要应用线的粗细来区分空间信息（图 5-16）。最粗一级用于表示被剖切面所切割的墙体、柱子、梁或楼板部分的线，我们称为割断线或剖切线。次一级用以表示未被剖切的建筑投影的几何

用正投影法从物体的正面、顶面和侧面分别向 3 个互相垂直的投影面上进行投影，然后按照一定规则展开得到的投影图，称为多面正投影图。

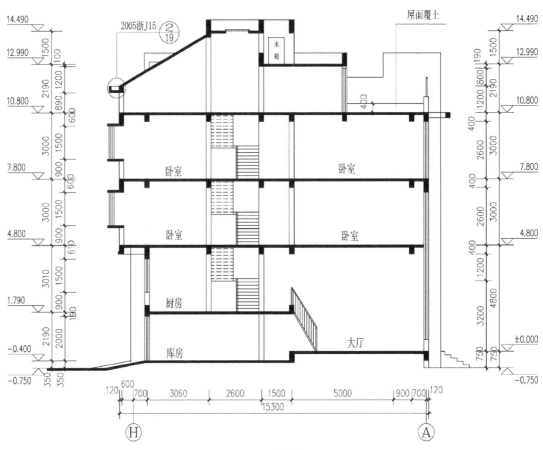

图 5-16 建筑剖面图

轮廓以及门窗洞等部分的线称为投影线，和立面轮廓线相似，最细一级同样表达了如墙、砖等材质的划分以及门窗框等相对处于同一平面上的细节信息。需要注意的是，被剖切到的门窗等构件，并不是用剖切线而是用投影线等级的线来表达，这样可以使墙身的开洞信息更加明确，容易辨识。

三、绘制有表现力的图纸

用线条表达的立面图，虽然明确了建筑形体的位置与尺寸关系，但不能明确地表现出建筑形体和材料质感的变化。因此，为了让图纸在具有工程实用性的同时，

还能具有更强的表现力，我们可以通过绘制立面的阴影、渲染质感的方式，将建筑材料特征及建筑外表面的凹凸关系表达得更加明确和生动。另外，加入我们比较熟悉的配景如树、人等，就可以更好地衬托出建筑的体型、体量。与立面图类似，通过阴影、材质等渲染表现手段，平面图与剖面图可以更鲜明地表达出空间分割的信息。剖视图是将有准确尺寸信息的平、剖面图与内部空间的透视图结合起来，大大强化了二维图纸的空间深度和实际视觉效果的表现力、感染力，传达出更加丰富的空间信息（图 5-17）。

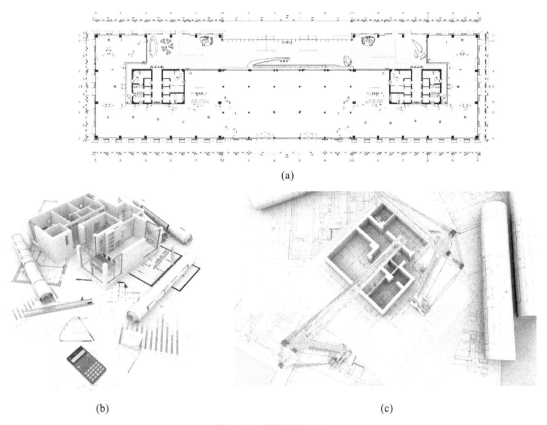

(a)

(b)　　　　　　　　　　　　　　　　(c)

图 5-17　建筑图纸设计

透视制图的重要性

透视是一种传统制图学科，在计算机制图普及之前，一直占据设计制图的核心地位。它的绘制原理复杂，绘制方法多样，需要初学者花一段时间才能掌握。在现代环境艺术设计制图中，设计者多用计算机三维软件来绘制透视图，绘制简便，画面整洁，容易修改，很多人不再重视学习透视制图原理，在实际工作中仍然会出现许多问题。此外，近年来很流行徒手快速制图，要求在极短的时间内绘制出设计对象的透视效果，满足投资方的阅读要求。这些都要求设计者能深入了解透视制图原理，掌握透视制图技能。

学习透视制图要求设计者保持头脑高度清醒，善于逻辑推理，在制图过程中要多想少画。

图 5-18　圆厅别墅

著名建筑赏析

圆厅别墅

　　圆厅别墅是意大利的一座贵族府邸，建于1552年，为文艺复兴晚期的典型建筑。圆厅别墅采用对称手法，平面呈正方形，四面都有门廊。正中为一圆形大厅，厅上冠以一碟形穹隆，外观高出四周屋顶。它坐落在意大利维琴察，是一座完全对称的建筑，以中央圆厅为中心向四边辐射，四个立面均有庄严的门廊和巨大的台阶，富有古典韵味，由建筑师帕拉迪奥设计。这座别墅最大的特点在于对称。从平面图来看，围绕中央圆形大厅周围的房间是对称的，甚至希腊十字形四臂端部的入口门厅也一模一样。这座建筑与自然环境融为一体，给人一种纯洁、端庄和高贵的美感，也有诗情画意。帕拉第奥从古代典范中提炼出古典主义的精华，再将其发扬光大，创造出一个世俗活动的理想地点，充分体现了灵活性与创造性。他的建筑结构严谨对称，风格冷静，表现出逻辑性很强的理性主义处理手法（图5-18）。

四、垂直构造与水平构造

　　通过解剖建筑，我们可以了解到，墙、地面、楼板、柱子等可见的要素，这些要素分割或者限定了建筑空间。换句话说，我们是通过认识这些边界要素才能感知到使用的建筑空间。和建筑形体一样，我们可以通过对内部空间几何化的抽象和简化，更加清晰地理解分割或者说限定空间的基本要素。最基本的形成与限定空间的元素就是点、线、面，对应直观的建筑构件就是垂直构件（柱子、墙体）和水平构件（楼板）。以最为常见的矩形空间为例，从水平向空间的限定来看，有六种最为基本的限定形式：全围合，单面开敞，两面开敞（临边），两面开敞（对边），三面开敞，四面开敞（图5-19）。而垂直方向的空间限定，可以通过楼板的大小差异、错位关系，形成不同的楼层高度差别（图5-20）。所有空间的分割或限定，都可以看成这些基本限定关系的组合和变形。建筑师正是通过对这些基本空间要素的变形、组合，创造出供人们使用的各种空间（图5-21）。

从空间限定的概念出发，建筑艺术设计的实际意义，就是研究各类环境中静态实体、动态虚形以及它们之间关系的功能与审美问题。

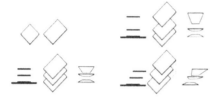

图5-19 水平限定空间

图5-20 垂直限定空间

(a)

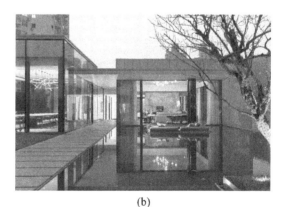

(b)

(c)

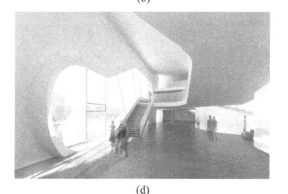

(d)

图5-21 建筑的限定空间

第四节
建筑空间的尺度

一、尺度的概念

在建造一座建筑时，不可回避的就是尺度问题。建筑的高度、内部各个分割空间的大小以及门窗所开的宽度，这些都是建筑的尺度问题。所谓建筑尺度，除了是指建筑或其局部的具体尺寸，更重要的是它还包含这一尺寸的参照系问题。首先，最重要的参照系就是建筑尺寸与人体尺寸的关系。建筑师创造的建筑空间，是供人使用的。因此，建筑中的尺度，大到建筑整体形体、体量、内部空间大小，小到门窗、栏杆、把手等建筑构件，都必须以人体作为基本的参照和考量。其次，建筑尺度受到建造条件的限制，比如建筑材料的力学性能、结构形式、施工技术、经济实力等。第三，建筑尺度还存在与环境的参照关系，同样尺寸的建筑，建造在空旷的自然环境中与建造在拥挤的城市中，给人的尺度感觉是完全不同的。最后，还存在建筑局部与整体的尺度关系，这关系到局部与整体

是否协调。在这里我们重点讲解建筑与人体的尺度关系问题，主要有空间尺度和构件尺度两个方面。

二、人与空间尺度

划分建筑内部空间的尺度，要考虑通常情况下人的各种活动，如站立、行走、坐、蹲、伸手等，根据这些来确定比较合理的建筑空间尺寸。例如，公共走廊或楼梯空间的最小宽度在 1100 ~ 1200 mm，高度在 2200 mm，这是根据两个人相对而行时的最小尺寸要求确定的。不同的使用功能要求和使用者的数量都会对空间的尺度造成影响。建筑师在考虑尺度问题时会以多数人的平均尺寸作为参照，但也需要考虑一些特殊人群的活动需求，比如，残障人士（图 5-22）。以厕所为例，建筑师要考虑乘坐轮椅人士在进出、转身等动作上的特殊空间尺寸要求（图 5-23）。还有一些空间会采取超常规的尺度，例如教堂、宫殿等纪念性空间，会通过加长、加高空间尺寸的方式，以特殊的尺度感受来增加仪式感（图 5-24）。

由于空间尺度的感觉与人的身体感受相关，因此，学习建筑设计就需要在

图 5-22　无障碍坡道

图 5-23　无障碍卫生间

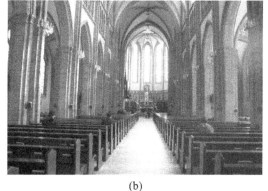

(a)　　　　　　　　　　　　　(b)

图 5-24　教堂的空间尺度

日常生活中积累对尺度的感受。例如随身携带卷尺，量取感兴趣的、自己觉得舒服的空间尺寸并记录下来（图 5-25、图 5-26）。有时一些比较大的空间，难以量取其尺寸，则可以选取参照物来估算其尺寸，比如人的身高、地砖的单个尺寸和数量等。在建筑设计中，可以借助一些常用家具的尺寸来帮助我们对空间尺寸进行判断。例如，床的平面长度通常为 1900 ~ 2000 mm，单人床宽度为 900 ~ 1200 mm，双人床宽度则为 1500 ~ 1800 mm。

三、常用建筑组件的尺度

有一些常用建筑构件是建筑中必不可

少的、从学习建筑之初就需要了解的，比如门、窗、楼梯、坡道。这些构件在建筑中是人们经常接触的部分，因此与人体尺度、人的运动关系更加密切。不仅如此，它们也是与建筑整体进行尺度对比感知的重要部分，例如建筑外立面上窗洞大小、数量多少，对建筑立面尺度感知的影响很大。因此，在建筑设计基础阶段的学习中，了解和掌握这些常用构件的尺度十分重要。

门是各个分割空间之间以及建筑内外活动联系最主要的部分。常用的门的形式，按照开启扇形式分有单扇门、双扇门，按开启方向有单向平开门、双向平开门、推拉门（图 5-27）、折叠门（图

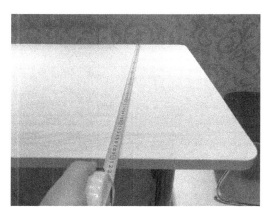

图 5-25　卷尺测量

图 5-26　电子尺测量

5-28）、弹簧门（图5-29）、旋转门（图5-30）、卷帘门等。门的宽度及高度需要根据进出物体的大小、多少来决定，住宅中供少数家庭成员进出的卧室门和大楼中供货车进出的停车场的门，尺寸肯定不同。通常情况下，供人出入的门，宽度最小在700 mm，比如住宅厕所的门，它可供单人通过。而最常见的门，宽度在900 ~ 1000 mm，它可供一个人直接通过。门的高度通常在2000 ~ 2400 mm

(a)

(b)

图 5-27 推拉门

图 5-28 折叠门

图 5-29 弹簧门

(a)

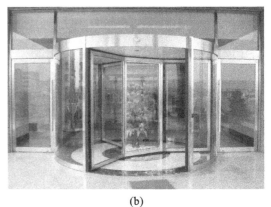

(b)

图 5-30 旋转门

门的常见类型

1. 平开门。平开门是最常见的门的形式，它可以单向开启，也可以做成双向可开启的弹簧门。作为安全出口的门需要朝疏散方向开启。

2. 推拉门。节省了门开启时所占用的空间，但需要安装推拉用的导轨，需要占用墙面空间或者对墙做特殊处理，密闭性和耐用性不强。

3. 折叠门。和推拉门一样，较为节省空间，需要安装导轨，密闭性不强。当门洞较大时，它的折叠单元相比推拉门仍可以保持合适的尺度，因此常常用于大空间（如宴会厅）的临时隔断。

4. 旋转门。通常使用玻璃隔板，最常用于写字楼、旅馆门厅的出入口等进出频繁但人流量不大的地方。它的特点是在人出入的过程中始终保持封闭的状态，有利于室内保温，但不利于安全疏散。

之间。同时也要考虑到对构造可行性的影响。以常用的平开门为例，单个门扇的宽度通常不会大于 1000 mm，因为门扇太大，重量太大，会使固定门扇的活页铰链承受过大荷载而受损。大于 1000 mm 的门，通常就会采用双开门。如果出入人流更多，需要更大的门宽度，就会采用多个双开门并列的情况，商场主入口的大门大多就是如此设计。

窗起到为建筑内部获得自然光、流通空气、开阔视线等作用，它的宽度可变性较大，要依据室内的视觉、采光、通风等要求而定。根据开启方式，窗可分为固定、平开、推拉、悬窗（图 5-31）、百叶窗等（图 5-32）。普通的窗，窗台相对室内地面的高度在 900 ~ 1100 mm 之间，也就是一般情况下人的腰部位置，在需要特别防止空中坠落的地方，窗台也会加高

门的尺度通常根据进出使用者的因素来设置，例如，门把手的位置通常在人站立伸手的高度，大约在距离地面 900 ~ 1000 mm 的位置上。

图 5-31　悬窗

图 5-32　百叶窗

至 1200 ～ 1300 mm（图 5-33）。有些窗子室内是私密性较高的空间，需要屏蔽视线的干扰，就会加高窗台超过通常视线可及的高度。这类窗子称为高窗，常用在更衣室、公共卫生间等的外墙上。现在住宅中也常常采用"飘窗"，窗台高度降低到 450 mm，成为一处座椅，但此时窗户也需要加装防止意外坠落的设施，比如护栏等（图 5-34）。还有一些窗子做成落地窗的形式，这样可使置身室内的人感觉空间开阔，但也需要加装护栏防止意外坠落。窗的上沿高度通常情况下就是窗子所在楼层上层梁的下沿。

　　楼梯是联系垂直方向空间的主要通道，是多层、高层建筑进行安全疏散的重要部分，同时它又常常成为分隔空间的元素，也常被作为具有形式表现力的一种空间要素。楼梯的尺寸考虑的是人的步行，踏步的高和宽与脚掌动作相关，踏面（踏步水平面）越窄、踢面（踏步垂直面）越高，楼梯就越陡，人在上下时也就越吃力，越容易摔倒，但同时也越节省楼梯所占空间。选择踏步高宽，要根据空间余地与舒适性、安全性进行权衡考虑。公共地区、人流量大或者使用者身体条件弱的地方，踏面应宽一些，高度应越低一些，通常建筑室内公共楼梯踏步宽度在 260 ～ 320 mm 之间，高度在 130 ～ 175 mm 之间。踏步

图 5-33　推拉窗

图 5-34　飘窗

组成梯段，一个梯段的踏步数量不应超过
18级，也不应少于3级。楼梯的梯段要
注意其净宽度（不包括扶手，仅供人通行
的宽度）。通常公共楼梯的净宽不应小于
1100 mm（供两股人流通过），至少一
侧应设扶手，梯段净宽达到三股人流时应
在两侧设扶手，达到四股人流时宜在梯段
中间加设扶手。梯段之间应设休息平台，
梯段和休息平台组成了楼梯。楼梯根据梯
段和休息平台组合关系有多种形式，如直
跑楼梯（图5-35）、L形折跑楼梯（图
5-36）、U形折跑楼梯、旋转楼梯、剪
刀梯等（图5-37）。在建筑设计中，楼
梯形式需要根据建筑空间要求、楼层高度、
出口位置等灵活选择。建筑中最常用的是
U形折跑楼梯，根据楼层间的折跑数量有
两跑、三跑、四跑之分。U形折跑楼梯的
休息平台，要满足梯段相应人流的转弯通
过，因此其净深度不能小于梯段的净宽度
（图5-38）。

　　坡道是另一种联系垂直方向空间的
通道形式，比如供机动车辆进出汽车库的
坡道、供行动不便的人使用的无障碍坡
道。著名的纽约古根海姆博物馆，其至直
接用坡道来组织展览空间，形成了连续的
展览流线，创造出独特的空间体验。不同
的用途，坡道的坡度、长度、宽度就有不
同的要求。机动车坡道根据通过的车型大
小、通道形式其纵坡在6°～15°之间，
单车道净宽3～5 m，双车道净宽5.5～
10 m，纵向坡度大于10°时在坡道两端
都应设有缓坡。无障碍坡道坡度不能大
于1:12，坡道两端和中间的休息平台长
度不小于1.5 m，室外坡道净宽不应小于

图5-35　直跑楼梯

图5-36　折跑楼梯

图5-37　剪刀梯

图5-38　旋转楼梯

小 / 贴 / 士

建筑使用空间应具备的条件

1. 大小和形状。这是空间使用最根本的要求，如一间卧室需要十几平方米的矩形空间，而一个观众厅则可能需要 1000 m^2，并且需要以特殊的形状来满足视听的要求。

2. 空间围护。由于围护要素的存在，才能使得这一使用空间与其他空间区别开来，两个空间之间的围护可以是实体的墙，透明或透空的隔断，也可以是柱子等。

3. 活动需求。使用空间中所进行的活动，决定了空间的规模大小以及动静程度等，如起居室，应满足居家休息、看电视、弹琴等日常活动的需求，而一个综合排练厅，则应满足戏曲、舞蹈、演唱等多种表演活动的要求。

4. 空间联系。某一使用空间如何与其他空间进行联系，是通过门或券洞、门洞，或是利用其他过渡性措施，如廊子、通道和过厅等，其封闭或开敞的程度如何，也是空间之间联系强弱的重要体现。

5. 技术设备。对于空间的使用，有时需要某种技术设备的支持，以满足通风、特殊的采光、照明、温度、湿度等要求，如学校建筑中的美术教室、化学试验室、语言教室等都是具有特殊功能的空间。

1.2 m，室内不应小于 1 m，还应加设连续的残疾人扶手。

第五节
空间内的支撑与围护体系

我们之前了解的建筑外部形象、内部空间与一些重要构件，都是从视觉和运动等方面来感知理解的。但一座建筑要真正可以被人所使用，需要具备很多功能性的系统。例如，要克服地球的重力、风力等影响，把建筑建造起来供人们使用，就需要由建筑的支撑体系来完成；要满足人们遮风避雨保温的使用需求，就需要围护（或称为包裹）体系；而要输送能源、信息，排出废气废水等，我们就需要给水排水、电力电信、燃气、空气调节等由终端和管线等组成的各类系统。在这一节中，我们将简单介绍建筑的支撑体系和围护体系（图5-39）。

一、支撑体系

建筑的支撑体系，通俗地说就是建筑

(a)

(b)

(c)

(d)

图 5-39　空间构件

的结构。它通过使用一定的建筑材料和结构形式抵抗一定外力作用，获得所需要的建筑空间。

要想了解建筑的结构，首先我们需要知道它要抵抗哪些外力的影响。对建筑的支撑体系来说，它所承受的外力称为荷载。例如，建筑首先要克服自身的重量和各层中的楼板的重量，还要承受来自内部的人、家具、器械的重量，屋顶要防止积雪压垮，建筑要承受强大的地震波、风力，这些都是建筑结构需要考虑的受力因素。荷载从方向上看可以分为垂直荷载（重力）和水平荷载（如风荷载、水平地震波）；从产生加速度效果可分为静荷载（如住宅、办公建筑的楼面荷载）、动荷载（如振动、

坠物冲击等）；从时间变化情况看可以分为恒荷载（如建筑自重）、活荷载（如屋顶积雪）和特殊荷载（如爆炸等）；从作用面看可分为均布荷载、线荷载和集中荷载。荷载会使建筑结构构件发生应力和形变。建筑结构构件主要的受力形式有拉力、压力、弯力、扭力、剪力这几种。不同部位的建筑构件受到的主要作用力是不同的。比如，在正常情况下，建筑的柱子主要受压，梁受弯力。如果受力后构件的形变超过了自身的形状、尺寸和材料的限度，就会受到破坏，威胁建筑使用的安全。

前面介绍过，用作建筑结构的材料，最古老的有木材、石材、砖材，后来出现了钢筋混凝土、钢材。也有一些规模比较

小的建筑使用特制的玻璃作为结构材料，以获得更加轻盈通透的效果。不同的材料，由于自身的力学性能差异，可以使用在不同的构件和结构形式上。例如，混凝土抗压性能好而抗拉性能差，因此加入抗拉性强的钢材后，形成的钢筋混凝土就具有了更好的结构适应性。

而建筑的结构形式，主要有砖混结构、框架结构、门式刚架结构、剪力墙结构、拱结构、薄壳结构、桁架结构、网架与网壳结构、悬索结构等。建筑的结构形式是根据建筑空间的需求和建造的条件限制来选择的（图5-40～图5-45）。

二、围护体系

建筑的围护体系主要包括了屋顶和外

图5-42　砖混结构

图5-43　桁架结构

图5-40　框架结构

图5-44　门式钢架结构

图5-41　拱结构

图5-45　薄壳结构

小贴士

构造柱是在墙身的主要转角部位设置的竖直构件，其作用是与圈梁一起组成空间骨架，以提高建筑物的整体刚度和延伸性，约束墙体裂缝的张开，从而增加建筑物的抗震能力。

墙两个部分。屋顶和外墙作为建筑的边界，分隔了室内外，保证建筑内部尽量少受到外界环境与气候变化影响，使建筑能够较为恒定使用。但同时，外墙又必须有门、窗等与外界联系的洞口，这些部分就是围护体系需要注意的重点部位。

外界的气候环境影响主要有四个方面的因素：日照、气温、雨雪与气流。围护体系首先要隔绝雨雪对建筑内部空间的侵蚀，也就是其排水、防水功能。其次它需要尽可能地减少室外气温变化对建筑内部空间的影响，使建筑内部能尽量维持恒定的人体舒适温度，也就是隔热保温功能。而日照在通过围护体系上的窗口时，不仅为室内带来天然采光，也带来热量辐射，在夏季与冬季建筑对采光和辐射的需求有很大区别。而建筑室内需要空气流通来获得新鲜空气，但这又导致室内温度不稳定，窗洞口也是解决这一矛盾的关键构件。

三、建筑空间与支撑、围护体系的关系

支撑体系与围护体系是在具体的建筑建造技术层面上的建筑构件区分：支撑体系抵抗荷载，围护体系保证建筑内部的环境质量。支撑体系与围护体系既可以合二为一，也可以相互分离。例如，墙承重的建筑，外墙既起到支撑作用，也起到围护的作用；而梁柱框架承重的建筑，外围的围护体系就与其分离，不起支撑作用。

而水平、垂直构件，则是从分割、限定空间上讨论建筑构件，与支撑体系与围护体系的区分不在一个层面上。而这些用于分隔、限定空间的水平、垂直构件，可以是起支撑、围护作用的外墙、屋面，也可以是不起支撑、围护作用的内隔墙等其他建筑构件。

著名建筑赏析

姬路城

姬路城是一座位于日本兵库县姬路市姬山（海拔45.6 m）的古城堡，是该市的主体象征。由于其白色的外墙和蜿蜒屋檐造型犹如展翅欲飞的白鹭，因而也被称为"白鹭城"，是世界文化遗产。姬路城和松山城、和歌山城合称日本三大连立式平山城，由于其保存度高，被称为"日本第一名城"。有很多时代剧和电影也在这里拍摄，或以姬路城作为已不复存在的江户城的象征（图5-46、图5-47）。

图 5-46 姬路城局部

姬路城最早建成于 1346 年（正平元年），现存建筑大多建于 17 世纪早期，城堡由 83 座建筑物组成，拥有高度发达的防御系统和精巧的防护装置。姬路城是 17 世纪早期建筑保存最为完好的典范，而日本在这个时代的防御建筑技术则达到顶峰。包括主要城堡主楼的 8 座建筑被视为国宝，其余 74 座建筑被确认为国家的重要文化财产。保存完好的建筑物和外围工事在向世人展示了伟大遗产的同时，又体现了精致的日本城堡建筑和严密的战略防御技能。

图 5-47 姬路城

跨度与垂直荷载

实现更大的跨度主要需要克服垂直荷载，其中也包括结构构件自身的重量、设计结构形式与建筑材料两个方面。平梁是最为常见的减轻楼板、屋顶重量，实现空间跨度的方法。梁需要克服垂直荷载带来的弯曲变形，可以通过加大梁的截面尺寸，特别是高度方向上的尺寸来实现。从传统木梁、钢筋混凝土梁到钢桁架梁，梁实现了自重越来越轻、跨度越来越大的结构目标。

通过加大受力构件空间密度的形式，也可以提升空间跨度，例如混凝土密肋楼板或者钢网架结构的屋顶。这种结构在相同的跨度条件下，可减小梁的高度，从而减小室内顶部被梁高占据的无效空间和建筑高度。

另一种解决方式是将垂直荷载产生的构件受弯转化为沿着构件方向的压力或拉力，然后逐步传导到地面。早期人们只有砖石等材料，为实现较大的跨度就多采用拱的结构。在现代利用钢材较好的抗拉性，又出现了悬索、拉索等结构形式。

小/贴/士

第六节
案例分析——史密斯住宅

一、建筑概况

史密斯住宅（Smith House）位于美国康涅狄格州的达瑞安海滨，这里是康涅狄格州的边陲地带，位置远离市中心，是一块没有都市喧嚣的世外桃源。史密斯住宅是白色派作品中较有代表性的一个，它犹如天然的杰作，其设计者是美国建筑设计师理查德·迈耶。

史密斯住宅位于美国康涅狄格州，在住宅的东南向是风景优美的长岛海岸，从公路望向住宅时，能望见西北向有一条窄小斜坡通道，沿着坡道的引导而进入屋内。房屋周围长满了高耸且翠绿的树木，在清澈的海水与澄蓝的天空的呼应之下，无疑又是大自然的另一部杰作（图5-48）。

二、建筑分析

1.建筑形式纯净

东南面室外有楼梯和高耸的烟囱，还有横向的顶。大片的玻璃加上了框架，可以更清楚地界定室内和室外空间，不会让人产生内外不分的错觉。户外的美景，经过框架玻璃的框景，更形成一幅幅优美的风景画（图5-49）。

图 5-48　史密斯住宅远景

图 5-49　住宅内部空间

2. 结构体系规整

通过蒙太奇的虚实的凹凸安排，以活泼、跳跃的姿态突出了空间的多变，赋予建筑以明显的雕塑风格。

3. 功能分区严格

史密斯住宅特别强调公共空间与私密空间的严格区分。三楼部分作为主要的卧室空间，透过卧室外的走廊平台，可俯视挑高两层的起居室。顺着楼梯而下，到达宽阔的起居室，在此可以接待前来拜访的友人，透过大片的玻璃欣赏户外的美景，还能悠闲地享用下午茶。一楼则作为餐厅、厨房等服务性空间。在屋外设置了一座以金属栏杆扶手构成的悬臂式楼梯，连接了起居室和餐厅层的户外平台，而形成一套流畅的垂直动线系统。

史密斯住宅周围遍布岩石与树木，住宅后面的地形先是缓缓升起，接着迅速下降，变成陡立的礁石海岸，最后渐渐倾斜，形成一处小小的沙湾。这种地形演变形成一种自然的分界。从入口处向海岸线延伸的公路确定了一条重要的位置轴线。入口、通道以及整个景致都被组织在这条直线上，使建筑与环境形成一个有机的整体。在建筑环境与色彩的对比上，迈耶依旧采用了纯白色，这既是为了形成建筑与自然的对比，同时也诱使自然光与整个空间交融为一体（图5-50）。而在场地设计上，建筑主体坐落于缓坡后的平地上，合理利用了地形地势，同时引道借缓坡飞架成桥，顺势接入住宅第二层，形成灵活丰富的空间关系。

三、建筑的功能空间设计

1. 功能布局

在史密斯住宅中，整个建筑的序列布局是紧凑而有机的。在底层部分，作为公共空间使用，设有餐厅、厨房、洗衣间和佣人房。二楼入口层主要设置了一个大面

积的公共区域以及配套的衣帽间、卫生间的主卧。三层主要设为私用空间，包括三个卧室和一间卫生间，而公共区域相对小，为一间起居室。在功能布局上公共与私密空间分开，使每个家庭成员有各自的空间。从此建筑设计中可以看出迈耶在追求一种简约、纯净的现代主义精神。

2. 功能分区

在史密斯住宅中，私密空间与公共空间的分区非常明确。为使处在不同楼层中的使用者均获取较好的景观视野，迈耶并不在垂直方向上把开放、私用空间划分在不同的楼层中，而是将其在每一水平层中以廊道划分。入口和卧室的设置将不同使用对象的主要活动区域划分在不同楼层。首层主要供佣人使用；入口层供家人、客人共同使用；而三层主要供家人使用。简单明快，分区明显（图5-51）。

3. 流线组织

在迈耶的史密斯住宅中，流线组织简

图 5-50　住宅外部造型

洁明了，令使用者一目了然。迈耶将两处楼梯置于住宅对角线两端，较好地衔接了开放和私密区域，同时使不同楼层的水平动线得到更活跃的组织，让整个建筑活跃了起来。

4. 空间体块生成

在空间上，迈耶使用了双向分层的方法，即在垂直方向上分层的同时，也在水平方向上分层，使各个功能空间得到划分而又不失联系。这样我们在空间中运动时，视线是立体的而不是平面的，当我们在水平运动时，也能使视线在垂直方向上流通。而当上下运动时，视线又在水平方向上流通，从而使人产生了丰富多彩的空间印象。

5. 辅助部分设计

在迈耶的作品中，每一个部分、每一个角落都是经过了深思熟虑的。每一处的设置都有它存在的意义。比如圆形平台的设置、车库位置的摆放等都给人以耳目一新的感觉。还有楼梯的位置设计在住宅对角线的两端，很好地连接了各个空间的区域，这些都是史密斯住宅中的设计亮点（图5-52）。

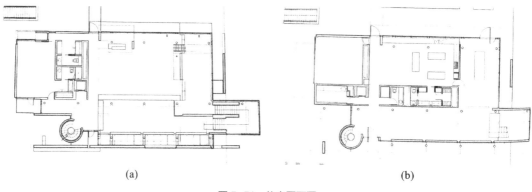

(a)　　　　　　　　　　　　(b)

图 5-51　住宅平面图

图 5-52　史密斯住宅全景

思考与练习

1. 建筑有哪些形态特征？

2. 如何绘制建筑形态图纸？

3. 如何表达建筑的内部空间？

4. 人与建筑尺度存在哪些关系？

5. 如何理解支撑体系与围护体系的关系？

6. 建筑空间应具备哪些条件？

7. 考察分析 1 个具备功能性特点的建筑，并写 1 份不少于 800 字的考察报告。

8. 根据自己的理解，设计 1 个功能完整的室内空间并绘制图纸。

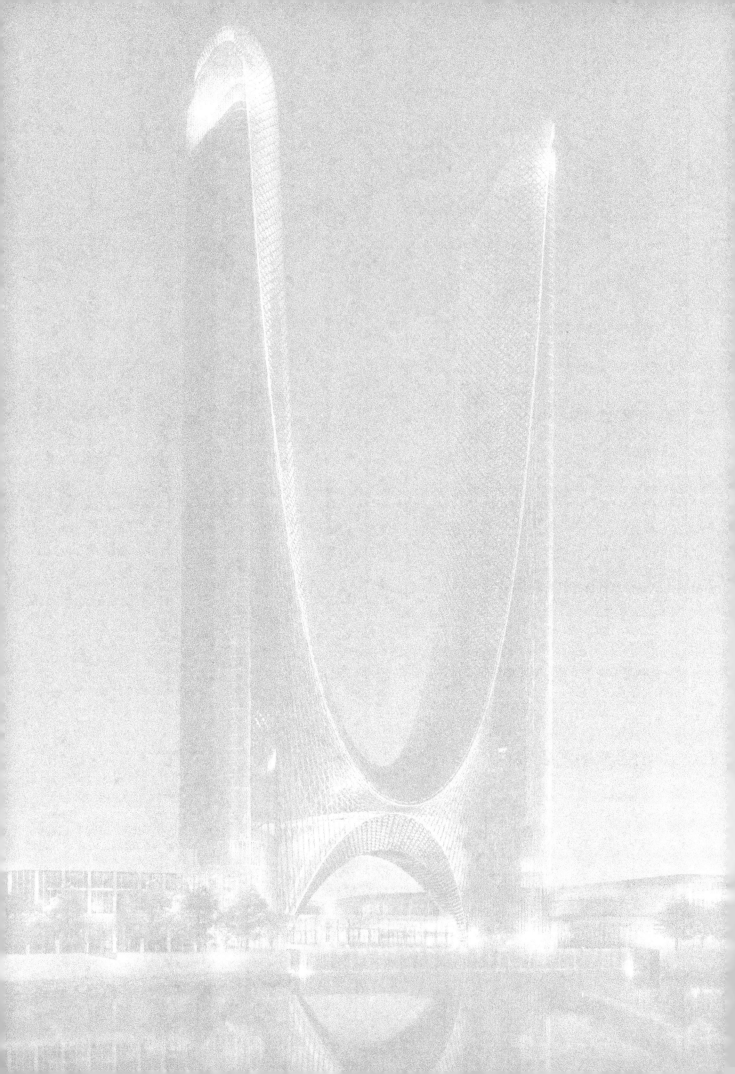

第六章
场 馆 设 计

学习难度：☆★★★★

重点概念：疏散设置、音效设施、视觉规则

章节导读

　　会堂、剧院、电影院、体育馆、音乐厅、阶梯教室等类型的公共建筑都具有能容纳较多人数的室内大空间——观众厅或讲堂，这些公共建筑的主要功能是为人们观看表演、听音乐会等娱乐活动提供场所。在这样宽敞的室内空间里，如何使全部观众或听众能看得清、听得见，又能安全而迅速地疏散，是这类建筑设计中的共同课题。本章对这类建筑中厅、堂部分的视线、音效、疏散等设计作简要叙述。由于这类建筑类型较多，主要叙述共性，同时也选择一些比较典型和常见的影剧院、体育馆、会堂等说明它们的个性。

图 6-1 泰姬陵

著名建筑赏析

泰姬陵

泰姬陵全称为泰姬·玛哈拉，是莫卧儿皇帝沙贾汗为纪念他心爱的妃子于1631—1653年在阿格拉而建的。泰姬陵位于今印度距新德里200多公里外的北方邦的阿格拉城内，亚穆纳河右侧。它由殿堂、钟楼、尖塔、水池等构成，全部用纯白色大理石构建而成，用玻璃、玛瑙镶嵌，具有极高的艺术价值。泰姬陵最引人注目的是用纯白大理石砌建而成的主体建筑，建筑上下左右工整对称，中央圆顶高62 m，令人叹为观止。四周有四座高约41 m的尖塔，塔与塔之间耸立了镶满35种不同类型的半宝石墓碑。陵园占地约17公顷，呈略长形的一个圈子，四周围以红沙石墙，进口大门也用红岩砌建，大约两层高，门

顶的背面各有十一个典型的白色圆锥形小塔。大门一直通往沙贾汗王和王妃的下葬室，下葬室的中央摆放了他们的石棺，庄严肃穆。泰姬陵的前面是一条清澄水道，水道两旁种有果树和柏树，分别象征着死亡和生命（图6-1）。

第一节

场馆的音效设计

场馆类建筑最基本的使用功能就是要求有良好的听觉效果和视觉效果，听觉和视觉效果是评价场馆类设计优劣的两项重要标准。在实践中，由于音效设计不良或建筑设计中没有考虑音效问题，严重影响建筑物使用的情况是常见的。因为音效设计涉及专门的学科——建筑声学，而许多

设计工作者由于对建筑声学了解不多或者不重视声学，在设计中对场馆音效缺少认真研究，待建筑竣工使用后，发现音效不良，再采取补救措施，往往造成很大浪费。现代的社会活动对场馆的音效提出更高的要求，设计人员必须具备有关建筑声学的基本知识，并在建筑设计过程中努力把建筑设计与声学处理有机结合起来。

一、观众对听觉的要求

通俗地讲，观众对场馆听觉的要求是听得见、听得清、听得好。听得见就是观众厅内各区观众都能听到表演者的讲演、歌唱或对白的语音，不会因为距离太远而听不见；听得清就是观众厅内每个座位上的观众可以听清楚讲演、对白的语言或者音乐的每个音节；听得好就是音乐的音色不失真，声音清晰，没有回声、干涩等不良现象。当然，观众在听音乐或听讲演、看话剧时，对声音的要求是有差别的。目前我国的场馆多数是多功能的，既演出音乐、歌舞、戏剧，也兼集会，所以对音效的要求更复杂一些。因此一般对场馆的基本要求如下。

1. 声场的均匀分布

一般场馆都具有较大的空间，不同位置的座位与声源之间的距离差别很大。为了保证不同位置的观众都能听得见、听得清、听得好，就要求在观众厅内的每个座位都能获得大致相近的声压级。也就是说，要求室内声场有一定程度的扩散，扩散能促进声音在室内的均匀分布。

2. 声音的清晰度

语言和音乐首要的基本要求就是声音清晰。清晰度是观众对场馆音效的基本要求，它与观众厅的混响时间有关，也取决于传到人耳的直达声与混响声能之比。传到人耳的直达声的有效声能越大，声音越清晰。在 50 m/s 以内传到人耳的反射声对加强直达声有利，否则容易形成回声。回声会严重影响场馆的音效，因此我们要在设计中注意避免此类情况。

3. 混响的最佳时间

房间中声源停止后声场持续的现象，称为混响。而室内某一稳态声，当声源停止后，其声强降低到原来值的百万分之一所花的时间，我们称之为混响时间。它是场馆音效设计的一项主要指标。由于场馆的功能不同，声源的特点不同，观众对混响时间的要求也不同。一般来说，混响时间过短，会使声音听起来干涩，过长又会使声音浑浊不清。因此对于以语言、讲演为主的场馆来说，混响的时间不能太长，否则会影响语言的清晰度。对以音乐为主要对象的场馆来说，过短的混响时间会影响声音的丰满度。在电影院中，因为影片的配音中已经有了混响，所以要求混响时间短一些，才能保证听得好。由此可见，各种不同用途的场馆，根据其声源及观众观赏对象的特点，都有自己最佳的混响时间（表6-1）。

表6-1　不同场馆的混响时间

场馆用途	混响时间 500 Hz
电影	0.8 ~ 1.2 s
演讲	1.0 ~ 1.4 s
戏剧	1.0 ~ 1.4 s
歌舞	1.5 ~ 1.8 s
体育	2.0 ~ 2.1 s

4. 室内噪声的控制

噪声是损害场馆听觉条件的重要因素之一。为了保证场馆具有良好的音效，必须控制场馆内的噪声在允许值以下，这个允许噪声值称为"允许背景噪声级"。它随着场馆的功能不同而不同，通常以 NC 曲线表示（表6-2）。

表6-2　各场馆允许的噪声级

场馆用途	允许的 NC 曲线
剧院（无扩声）	20～25
音乐厅	20
会堂（有扩声）	25～30
电影院	30

小 / 贴 / 士

噪声标准曲线（NC曲线）是白瑞纳克在1957年根据三百名工作人员的调查而发表的，用于评价空间噪声。对于一个给定的噪声等级，每一条曲线规定了倍频带最大声压级。如果已知某一给定噪声频谱的倍频带声级，那么可以通过在该组NC曲线上绘制噪声频谱，来给出用NC曲线表示的噪声等级，从而确定最高渗透点。

什么是声能？

声能是介质中存在机械波时使媒介附加的能量。所有振动的波形都具有能量，比如光能/声能/红外线/次声波/超声波等都有能量。声能是以波的形式存在的一种能量，就像光能是以光子形式存在的一种能量一样。声能与其他能量相同，是人类可以利用的能量。声波在媒介中传播时，媒介在声能的作用下会产生一系列效应，如力学效应、热学效应、化学效应和生物学效应等。

二、场馆的音效

场馆的音效设计是一个很复杂的课题，包括许多因素。一般来说，有以下几个方面：场馆的体形、场馆的容积、噪声的隔绝、电声系统的布置等。

1. 场馆的体形

场馆音效的好坏在一定程度上决定于场馆的体形。许多场馆存在声学上的缺陷往往是因为场馆体形设计不恰当。如正八面形的大礼堂，由于声音沿边反射，观众厅中部缺少前次反射声，致使声场分布不匀。一个音效良好的场馆主要依靠场馆体形的合理设计，而不是吸声材料的堆砌。从音效设计角度来说，场馆形体设计的目的是组织有益的反射声，使室内的声场分布均匀，避免有害的反射声所造成的回声、聚焦等音效缺陷。在这里我们以平面形式的选择和剖面式的设计分别介绍。

（1）平面形式的选择。场馆典型的平面形式有矩形、扇形、卵形、椭圆形及圆形等（图6-2）。

① 矩形平面。矩形平面是中小型场馆主要采用的一种形式。一般来说，矩形观众厅声场分布较均匀，池座前部能接受侧墙前次反射声区域比其他平面形式大。当观众厅容量及跨度较小时，由于音程短，这一部分能接受的前次反射声衰弱很小。当跨度及容量增加时，就需设置特殊反射面。在大型的矩形观众厅内，由于直达声和反射声的音程相差大，可能产生回声，需加以适当的吸声处理。矩形平面的长宽应有合适的比例，如近似于5:3是较合理的。良好的长宽比有利于声场的均匀分布，如长宽比例与上述比例相差大，就须预防出现声场不均匀等音效缺陷。有的电影院长宽比为3.4:1，致使前后排声压级相差达10分贝（图6-3）。

② 扇形平面。由于两侧墙向后斜展，

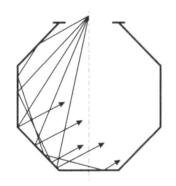 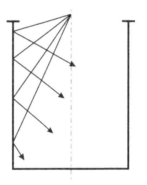

图6-2　不同场馆的几何声学

(a)　　　　　　　　　　　　(b)

图6-3　矩形场馆

分贝是量度两个相同单位之数量比例的计量单位，主要用于度量声音强度，常用dB表示。

有利于声音的反射。当两侧墙的斜展角度较小时，能使前次反射声分布均匀。角度越大，池座前排和中部的反射声就越小。但这个斜展角度的限制与发挥扇形平面容量大、视距短的特点相矛盾。如果容量及视距的要求采用较大的角度，应采取其他措施解决声场分布不均匀问题。扇形观众厅的后墙面积很大，为了避免产生回声，一般可作吸声处理，但容易因声能损失过多而使混响时间太短，影响声音的丰满度。后墙面可作为向前倾斜的反射面，使反射声加强后排的声强，并避免做成大曲面，可使声音能更均匀地反射。在大中型扇形观众厅中，

后面两角偏远座位，由于直达声和前次反射声的音程都比较远，声强降低较多，往往听觉效果不良。从音效角度看，可切去后面两角的座位（图6-4）。

③卵形、圆形平面。从声学角度讲，卵形和圆形音乐厅是不良的平面形式。它会产生声音的聚焦、沿边反射、声场分布极不均匀等缺陷，一般在电影院、剧院、会堂中采用不多（图6-5）。在大型体育馆中，由于圆形平面在视线和疏散等方面的优点，则是经常被采用的平面形式之一（图6-6）。

（2）剖面的设计。在观众厅的剖面设计中主要考虑顶棚、楼座以及后墙的形

图6-4 扇形剧场

图6-5 卵形平面剧场

(a)

(b)

图6-6 圆形平面剧场

小贴士

池座是指剧场环绕方形舞台左、右、正中三面的楼下座位。旧时剧场，大都以楼上"官座"为优等座位，池座则为"平民"观众的座位。后来因池座距离舞台较近，便于欣赏表演，清末民国初乃成为剧场优等座位，故而池座即指剧场正厅中的座位。

状和形式等问题。

① 顶棚的高度及形状。顶棚高度应根据场馆的容积来决定，同时观众厅的长宽应有合适的比例，长宽高的比例由于场馆性质的不同也有区别。良好的长宽高比例有利于声场的均匀分布。过高的顶棚既使场馆的容积过大，影响混响时间的控制，又会增加声音反射的距离，以致产生回声，无论从结构、设备和声学方面讲都是不经济的。顶棚是产生前次反射声的重要反射面，它的形状要使大厅各部位都能得到有利的反射声。一般而言，后排座位的声压总是比较低的，顶棚的反射声就可以加强这部分的声压级。因此，顶棚的形状通常

向舞台倾斜。在某些平面形式的观众厅中，池座中部和楼座前部由于侧墙的前次反射声少，往往声压级不足，这是需要利用顶棚的反射，特别是利用台口上部顶棚的反射来加强（图6-7）。

顶棚与墙面的交界处容易产生回声。因为入射和反射声波的声线相互平行，声音反射回原地，引起回声，但只要在顶棚及墙面之间加一倾斜面，就可以避免回声，如南京和平电影院就采用了这种处理方式。顶棚的形状应避免凹曲面及拱顶等形状，以免产生声音的聚焦及回声。如因建筑造型或其他原因采用这些不利的形状时，则凹曲面、拱顶或圆

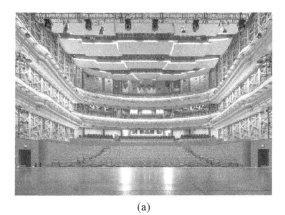

(a)

(b)

图6-7 剧院顶棚

图6-8　不规则顶棚

顶的曲率半径应大于顶棚高度的两倍，使声音的聚焦不发生在观众座位区。也可采用经过设计的吊顶扩散或吸收声音来避免可能产生的音效缺陷，但这种方法并不经济（图6-8）。

著名建筑赏析

巴黎荣军院

巴黎荣军院建于1670年路易十四时代，是为历次战争中的残废军人修建的一座疗养院。法国历史上著名的皇帝拿破仑就安葬在这里。荣军院正门是高大圆顶的圣路易教堂，里面庄严肃穆，凭吊拜祭者络绎不绝。拿破仑墓就设在教堂正下方的地下室里。拿破仑墓分上下两层：上层环边分成6间圆阁，分别安放拿破仑的两个弟弟、一个儿子和手下4位元帅的骨灰瓮；下层是用大理石建造的圆形墓穴，深8 m，拿破仑的棺椁就放在中央。墓室下层四周墙壁上刻有12个胜利女神的浮雕像，每个雕像代表一场光辉的战役。拿破仑灵柩是一具大型赤紫色斑岩石棺椁，底座是青灰色的云石。石棺椁内还有6层棺，从里至外，依次为白铁棺、桃花心木棺、两层铅棺、乌木棺、橡木棺。拿破仑的遗骸放在最里面的棺内。在棺椁周围大理石上刻着拿破仑的遗嘱。拿破仑的墓室经过20余年才全部建成，所用石料是从俄国运来的，仅采集、运输就耗时1年，后经切割、雕刻、打磨，历时2年才制成外椁。整个石结构的墓室设计得庄严肃穆，曲线与直线相交，色彩低沉凝聚（图6-9、图6-10）。

图 6-9　荣军院俯瞰

图 6-10　巴黎荣军院

荣军院从建成之初，开始行使它接待军人的功能后，很快就被赋予了博物馆、陈列馆的功能。在1905年成为现在的法兰西军事博物馆。

图 6-11　挑台的高度与进深的关系

② 楼座形状。挑台式楼座应控制挑台的进深，因为进深过大，会使池座后排的声强减弱，影响听觉条件。一般控制挑台的进深小于挑台边底顶棚高度的 2 ~ 2.5 倍，最好使池座最后一排也能接收到来自大厅顶棚的前次反射声。为了加强池座后排的声强，挑台顶棚应做成反射面，并略向后墙倾斜（图 6-11）。根据具体情况，楼座的栏板可以是声音的反射面，用来加强池座前中部的声强，也可以作为吸收面。当楼座的栏板作为反射面处理时，由于它通常是个曲面，反射效果不如顶棚的效果好，处理不当会使反射声与直达声的时差超过 50 m/s，在池座前中部引起回声，因此栏板的曲率半径要大，最好做成倾斜面。有时也利用栏板作为声音的扩散面，以利于声场的均匀分布（图 6-12）。

③ 后墙的形式。因为一般场馆的长

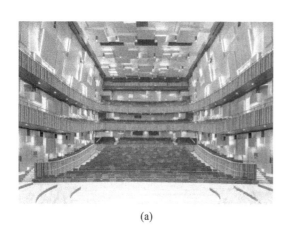

(a)

(b)

图 6-12　剧院楼座

楼座又指住宅中的一栋楼。剧场里为了增加座席或作特殊用途（如为部分会众或观众）而从一面或几面内墙挑出的平台，尤指剧院中最高层楼座。

度尺寸都比较大，后墙的反射很容易产生回声，所以在要求音效较好，又需布置吸声材料的场馆中，后墙面经常做成高吸收面。如不布置吸声材料，也可设计成扩散面，但这个处理办法不能避免后墙的反射，若侧墙吸声系数很低，回声的问题依然存在。如需利用后墙面的反射来加强后墙的声强时，则最好做成倾斜面，这种处理办法比较经济合理。凹曲的后墙面对声音反射非常不利，反射声会聚焦在场馆内某一小范围，并且产生回声。

2. 场馆的容积

一般来说场馆的容积会直接影响室内的声压级分布及混响时间。由于电声技术的进步，场馆容积对声学的限制已越来越小。但在某些场合，如观看音乐演出和话剧时，人们并不喜欢电声装置，因此容积的声学设计仍有必要。

确定场馆容积大小的依据有两个方面：保证室内为最佳混响时间和保证场馆内各处有足够的自然声压级。

（1）保证室内为最佳混响时间。因场馆混响时间与场馆的容积成正比例，而且在场馆内的总吸声单位中，观众的吸声往往占主要比例（约占全厅的2/3以上），

如果每个观众平均所占容积设计恰当，可以不用或少用额外吸声处理而获得满意的混响时间，这从结构、设计及声学方面讲都是经济合理的办法。下表所列的不同用途场馆容积可用作参考（表6-3）。

表6-3 场馆容积表

场馆的用途	每座容积（平方米/座）
演讲、电影、话剧	3.5 ~ 4.5
歌舞、音乐	6 ~ 8
多功能大厅	4.5 ~ 5.5

（2）保证场馆内各处有足够的自然声压级。一般讲演者的语言声功率平均值约为50微瓦。演员和乐器的声功率虽要大些，但声能仍是有限的，而且室内各处的接收声压级必须高出环境噪声15~20分贝时，听众才不致受到环境噪声的干扰。因此，如此有限的声能要使室内各处有足够的自然声压级，就必须设计合适的容积。过大的容积无法保持各处都有足够的自然声压级，只有依靠电声系统来解决。如果室内音效设计良好，声源发出的声能得到充分利用，则下表所列一些场馆最大容积可供参考。若超过这些容积，必须考虑扩声系统装置（表6-4）。

表6-4　场馆最大容积表

场馆的声源种类	场馆的最大容积（平方米）
演讲	2000～3000
戏曲	6000
乐器独奏或独唱	10000
交响乐队	20000

扩声系统

扩声系统通常是把讲话者的声音对听者进行实时放大的系统，讲话者和听者通常在同一个声学环境中。成功的扩声系统必须要具有足够响度（足够的声增益）和足够的清晰度（低的语言子音清晰度损失百分率），并且能使声音均匀地覆盖听众，而同时又不覆盖没有听众的区域。扩声系统包括扩声设备和声场组成，主要包括声源和它周围的声环境，把声音转变为电信号的话筒，放大信号并对信号加工的设备、传输线，把信号转变为声信号的扬声器和听众区的声学环境。

3. 噪声的隔绝

场馆噪声来源于建筑物外部环境，如各种机动车辆的噪声、门厅、休息厅的喧闹声和建筑物内部通风机械设备的噪声等。由于噪声的种类和传递途径不同，有空气传声和固体传声，因此，应该从以下3个方面采取措施降低场馆噪声。

（1）合理选址。选址应考虑较安静的周围环境，不要选择太靠近道路、厂房等的地段。

（2）合理的平面布局。如果建筑是面临道路，周围有噪声源，这时在平面布局时，应使观众厅后退，并布置适当绿化

隔离。观众厅周围可设置门厅、休息厅等以隔绝噪声。门厅至观众厅的入口可设置门斗，起声锁作用，也利于隔光。

（3）产生固体传声的设备用房如鼓风机房、水泵房等不要紧贴观众厅布置。风机设备及风道、风口应作消声处理，设备基础应减震处理。

4. 电声系统的布置

场馆内电声系统主要用来提高声源的功率，以提高室内声源的声级，并补救室内音效的某些缺陷。但使用不当，会起不良后果。因此，在选用和布置扩声设置时要注意以下5点。

（1）使室内各处声压级保持在 70 ~ 80 分贝最合适，通常只需要比环境噪声高出 10 分贝，过高的声压级反而使人感到刺耳难受。

（2）保证厅内声场均匀，要求室内各处声压级差别小于 8 分贝，这就要求选择合适的辐射性能的扬声器，适当布置扬声器的位置。

（3）要求扩声后音色清晰而不失真，即要求扩声系统有较宽的频率响应范围。

（4）保持声音良好真实，使观众听到的声音和真实声源来自一个方位，取得视觉和听觉的一致性。一般入耳对高频声和左右方位容易辨别，对低频声和上下方位不易辨别。扬声器的位置应尽量接近实际声源，而且以在声源的上面为佳。

（5）不反馈。所谓反馈现象是指声音从扬声器发出后，被话筒接收，经扩音机放大后从扬声器再发出，又被话筒接收，这样迅速"循环"，就产生刺耳的啸叫，严重影响室内听觉条件。产生反馈的原因主要是扬声器和话筒的位置不适当，解决办法是合理布置话筒和扬声器的位置，选择适宜指向性的话筒。

第二节
场馆的视线设计

一、观众的视线要求

场馆类建筑都要求有良好的视觉条件。视觉的基本要求是观众能够舒适而无遮挡地看清楚表演或竞技的对象，这里实质上包含了下述四个方面的要求。

1. 视线无遮挡

视线无遮挡是看清对象的基本条件，这是所有以表演或竞技为主要功能的场馆，如剧院、电影院、体育馆等，首先应该满足的条件。在单纯进行音乐演奏的音乐厅和讲演的会堂里，视线无遮挡的要求可以略低，因为观众不必总是看着演奏者或讲演者。

2. 适宜的视距

适宜的视距是看清表演对象的重要条件。由于表演对象的不同，适宜的视距也相应不同。如在电影院，观众主要看垂直的银幕；在剧院，观众主要是观看演员的表演动作及脸部表情；在体育馆，观众主要是观看运动员抢球、运球、传球、击球的动作以及球的往复运动等。而人眼要不费力地看清这些动作或表情，就有一个明视的距离范围。所谓适宜的视距就是人眼与对象的距离不超过最远的明视距离。

3. 对象不变形失真

表演对象不变形失真，主要是避免过偏或过高的座位。过偏会使电影银幕中的画面变形，过高会使演员脸部表情及布景道具失真。

4. 舒适的姿态

舒适的姿态，是指观众坐在座位上能以比较自然的姿态观看表演，主要是避免不断地摆动头部，或长时间仰视、斜坐等不自然的姿态，以免使观众疲劳。

除上述四个基本要求外，不同表演会有不同的要求。例如体育表演要求有良好的方位，还希望能够辨别运动员的跳跃动作以及前后的距离等。这些都应在根据具

(a)   (b)

图 6-13　球幕影院

体的情况分析后妥善处理（图 6-13）。

二、影响视线的主要因素

1. 视线上障碍物问题

视线上的障碍物主要是前排观众对后排观众的遮挡；其次是楼座栏板或横过道栏板对后面观众的遮挡。室内梁、柱的遮挡是不应该出现的。

为了使后排观众的视线不被前排观众或栏板遮挡，必须将后排座位高度增加，因此，观众厅的地面逐步升起，或呈曲面、或呈阶梯形。地面升起会提高建筑物的空间高度，从而增加建筑造价，所以，无遮挡视觉的要求是和建筑的经济性直接矛盾的。一般不同类型、不同规模的场馆，在视觉质量的标准上可以有不同的处理。一种是使后排观众的视线从前排观众头顶擦过落到设计视点，视线完全没有遮挡，但地面升起较大；另一种后排观众的视线从前面隔一排或隔两排观众头顶擦过落到设计视点，此种方式，视线会有遮挡，但地面升起较缓和。这些视线遮挡可借助后排观众移动头部来改善，但一般是通过前后排座位相互错开布置来改善。第一种方式，

标准较高，如果场馆的规模较大，座位排数很多，势必使地面升高过大，从而增加建筑成本。因此，在大中型观众厅的池座设计中很少采用。一般场馆的池座部分多采用隔一排的方式，兼顾了视觉质量和建筑的经济性，隔两排的标准又偏低，有时仅在规模很大或对视线质量要求不高时采用（图 6-14）。

2. 视距

视距就是观众的眼睛到设计视点的直线距离。从后排最远座位上观众的眼睛位置到设计视点的直线距离叫最远视距，根据观看对象的不同，对最远视距的限制也不同。根据实测结果，一般剧院最远视距以不超过 30 m 为宜，大型歌舞剧院视距可以大一些，话剧院观众要看清演员脸部的细微表情，以不超过 25 m 为宜，一般球类比赛的体育馆，以不超过 42 m 为宜（观众眼睛到比赛场地中心的距离）。电影院由于银幕大小不同，最远视距也不同：一般普通银幕电影院后墙面表面与银幕水平距离为 5 ~ 6 倍银幕宽，即最远视距离为 30 m 左右；宽银幕电影院为 2 ~ 2.5 倍，最远视距约 35 m。如果超过上述最远视

 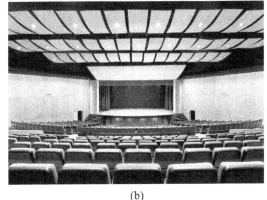

(a)　　　　　　　　　　　　　　(b)

图 6-14　影剧院观众视点

距时，观众要看清对象就比较吃力，眼睛容易疲劳，影响观赏效果。

3. 视角

视角就是观众在观看对象时，眼睛与对象所构成的各种角度。视角与视觉质量密切相关。视角包括水平视角、垂直视角及俯角等。

（1）水平视角。它是指观众眼睛到舞台两侧或银幕两侧边缘的夹角。人眼看见舞台或银幕全貌时的最大水平夹角大约是 40°，如果增大水平视角，可以看得更清晰，但观众需要转动头部才能看见舞台银幕的全貌，容易使人疲劳（图6-15）。

（2）垂直视角。它是指观众眼睛到银幕上下边缘的垂直夹角。垂直视角过大，会使银幕画面变形。一般电影院要求垂直视角小于 25°，宽银幕电影院要求小于 32°。阶梯形教室的垂直视角要求小于 45°（图 6-16）。

（3）俯角。它也是一种垂直视角，是观众眼睛到设计视点连线与舞台面之夹角。对剧院来说，当观众与演员的眼睛处于同一水平高度时，看到的演出最为逼真。俯角过大，观看的演出都成为俯视图景，演员表情失真。对某些大型歌舞节目来说，俯角大可以欣赏舞蹈队变化的优美图案，但这不是一个常见因素。实践表明，一般剧院应控制楼座后排最大俯角小于 25°，侧排最大俯角小于 35°。我国已建剧院的最大

图 6-15　影院水平视角　　　　　　　　图 6-16　阶梯教室最远视角

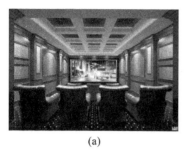 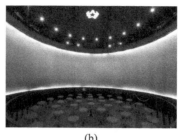 

(a)　　　　　　　(b)　　　　　　　(c)

图 6-17　水平视角

俯角在 10°～20° 之间（图 6-17）。

海拔最高的城市广场。

著名建筑赏析

布达拉宫

布达拉宫，坐落于中国西藏自治区的拉萨市区西北玛布日山上，是世界上海拔最高，集宫殿、城堡和寺院于一体的宏伟建筑，也是西藏最庞大、最完整的古代宫殿建筑群。布达拉宫依山垒砌，群楼重叠，殿宇嵯峨，气势雄伟，是藏式古建筑的杰出代表，也是中华民族古建筑的精华之作。布达拉宫主体建筑分为白宫和红宫两部分，宫殿高 200 m，外观 13 层，内为 9 层。布达拉宫前辟有布达拉宫广场，是世界上

布达拉宫最初为吐蕃王朝赞普松赞干布为迎娶尺尊公主和文成公主而兴建的。1645 年（清顺治二年）清朝属国和硕特汗国时期护法王固始汗和格鲁派摄政者索南群培重建布达拉宫之后，成为历代达赖喇嘛冬宫居所以及重大宗教和政治仪式举办地，也是供奉历世达赖喇嘛灵塔之地，旧时与驻藏大臣衙门共为统治中心。它是藏传佛教（格鲁派）的圣地，每年至此的朝圣者及旅游观光客不计其数。布达拉宫于 1994 年 12 月被联合国教科文组织列其为世界文化遗产（图 6-18）。

图 6-18　布达拉宫

三、视线设计

视线设计包含观众厅剖面设计和平面设计两个方面，剖面设计解决视线遮挡、垂直视角和俯角等问题，平面设计是选择平面形式，解决视距和方位等问题，主要选择良好的设计视点及合适的视线升高差。

1. 设计视点的选择

视线设计时，通常是选择一个或几个特殊点确定观众的视野极限作为视线设计的依据，我们称这些特殊点为"设计视点"。在设计视点以上是观众视野所能看到的范围。设计视点和观众眼睛的连线称为"设计视线"，可以检验观众在观看对象的视线通路上有无障碍物存在。设计视点的高低是衡量视觉质量的一个标准。设计视点定的越低，观众的视野范围就越大，但观众厅地面升起就越陡，反之同理。

由此可见视点的选择在很大程度上影响着视觉质量的好坏，也影响着观众厅地面的坡度。因此，在选择设计视点时，既要考虑到必要的视觉质量标准，又要考虑建筑的经济性。

各类场馆由于使用功能和观看对象的性质不同，设计视点的选择也不同（图6-19）。在剧院，由于演出在水平的舞台面上，一般选择大幕在舞台面投影的中点作为设计视点，保证观众可以看到表演区的舞台面（图6-20）。标准稍低的可以选大幕投影中点的上空300～500 mm处。音乐厅主要是听演奏，设计视点标准可以更低一些。体育馆的设计视点，由于一般球类比赛中，以篮球场为最大，通常选择在篮球场边线上，或在边线上空300～

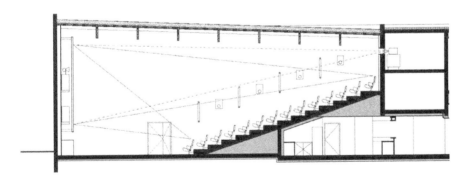

图6-19　影院视点

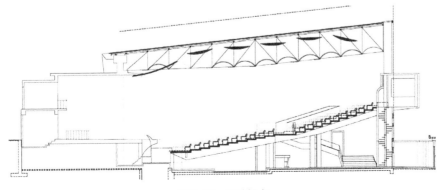

图6-20　剧院视点

图 6-21　体育馆视点

500 mm 处（图 6-21）。在电影院，观众观看的是一个垂直的画面——银幕，通常选择银幕底边中点作为设计视点。这样就可以保证观众看见银幕的全部，因此，银幕位置的高低对地面升起坡度有决定性影响。一般电影院的银幕距第一排地面高度为 1.5 ~ 1.8 m。游泳馆的视点可以选在分道线上或以外。阶梯教室根据使用要求的不同，视点也有所不同。因此在设计中最好兼顾这些不同的使用要求。

2. C 值的确定

后排与前排观众的视线升高差 C 值，与人眼到头顶的高度及视觉标准有关。一般人眼到头顶的高度为 115 ~ 120 mm。如视觉标准定为后排观众的视线从前排观众头顶擦过落到设计视点，C 值即为 120 mm；如后排观众视线从前面隔一排观众头顶擦过，C 值即为 60 mm。根据实践证明，C 值取 60 mm 时，已经可以满足视线无遮挡的要求，因为人借助头部的转动和前后排座位的错开，即可消除前排观

众头部遮挡后排观众视线的影响，而且不致使地面升起坡度过陡。如果过分提高 C 值，除增加看台高度、不利于疏散及不经济外，只能产生实际视点的降低或外移，造成视线范围不必要的扩大，并不能提高视觉质量。在楼座，由于视点相对降低以及固定栏板的遮挡，C 值要适当提高，一般多取 120 mm。体育场由于多是露天的，应考虑观众戴帽子对 C 值的影响，C 值的增加值可取 20 ~ 30 mm。

3. 第一排观众视线的高度

第一排观众视线的高度与设计视点的高差也直接影响观众厅的地面升起坡度。剧院的设计视点在舞台面上，要求第一排观众视线能略高于舞台面。池座第一排观众的视线高度一般取 1.1 m，舞台面越低，高差越大，前几排座位的观众看到的台面就越广，可以看清演出的深度与前后层次，但地面总升起高度就会加大。反之舞台面高了，高差越小，虽可以降低地面总升起高度，但失去上述满意的视觉条件。

在电影院，设计视点在银幕下缘，距地面的高度通常比池座第一排观众的视线高出 400 ～ 700 mm（即 1500 ～ 1800 mm）。因此，一般而言电影院的地面坡度要比剧院平缓得多。但银幕的高度也不是可以任意提高的，过高会使前排观众长时间仰视，极易疲劳，也会影响观众厅高度。楼座情况与剧院接近（图 6-22 ～图 6-24）。

4. 观众与设计视点的水平距离

一般说，观众与设计视点的水平距离越大，观众厅地面升起就越平缓，但在容量不变的情况下又不会增加最远视距。或在相同跨度下，减少容量，观众与设计视点的水平距离就变小，视距随之缩短，观

图 6-22　看台平行于地面

图 6-23　看台高于地面

众厅地面升起就变陡。在剧院和电影院中，观众与设计视点的水平距离通常由水平视角决定。前面曾提到剧院的第一排观众座位，通常与乐池之间仅留出 1 m 左右的走道，与设计视点的水平距离不大，一般为 5 ～ 6 m；而普通电影院，根据水平视角的控制，这个距离一般在 7 ～ 9 m；宽银幕电影院也在 8 m 左右。因此，这也是剧院相比电影院具有较大地面坡度的原因之一。在体育馆，由于规模大，观众座位排数多，这个距离对看台坡度的影响就更明显。它通常根据比赛场地的大小而定。场地小，距离也就小，看台坡度就大；场地大，距离也大，看台坡度就平缓。因此，小型体育馆由于比赛场地小，看台坡度常常较大。

5. 观众厅席位的布置

观众厅的座位布置，应保证全部观众都有良好的视觉感受，避免过偏、过远的座位，因此，应把观众座位控制在一定的范围以内。一般过偏座位由水平控制角控制，过远座位由最远视距控制。

水平控制角在剧院中是指舞台口两侧与前排边座观众眼睛连线的夹角。观众座

图 6-24　看台低于舞台

位应布置在这个夹角的范围以内，以保证一定的视觉效果。舞台的深度和宽度不同，水平控制角也不同。对于一般舞台来说，水平控制角小于 45° 时，边座观众仍可看到一半以上天幕宽度；当小于 23° 时，可以看到 2/3 天幕宽度。设计时应根据演出的要求及规模的大小来确定水平控制角的大小标准，通常约 35° 左右。在电影院，水平控制角是指前排边座观众视线与荧幕的最小水平夹角，一般要求不小于 45°，因为在 45° 时，观众看到的银幕画面为原画的 0.7 倍，虽有变形失真现象，但仍可观看（图 6-25）。

6. 排距和横向过道

排距及横向通道对观众厅地面坡度也有影响。排距小，坡度小，总升高值小；排距大，坡度大，总升高值也增加。但排距主要还是根据交通疏散的要求来决定，也和使用要求、使用标准及坐椅材料有关。一般剧院、会堂等标准稍高，采用软席时，排距一般 800 ～ 850 mm；体育馆等用硬席时，一般为 750 ～ 800 mm。横向通道主要影响地面总升高值，因为它比一般排距要宽，所以横向通道后面一排升高值会增加。但处理得当，如横向通道后面座位排数不多，不致产生很大影响（图 6-26、图 6-27）。

7. 不同平面形式的观众厅视觉质量分析

选择合适的平面形式是视线设计与剖面设计中同样重要的一个方面。在这里我们对剧院几种基本平面形式的视觉质量作一简略分析、比较，便于设计时考虑选择。由于电影院与剧院的视线要求近似，为了

图 6-25 剧院观众视角

图 6-26 长排距剧院

图 6-27 短排距影院

便于比较，这里仅以剧院的水平控制角作为分析比较的依据。

（1）矩形观众厅。根据水平控制角，矩形观众厅前端两侧角不宜设置观众座位（图6-28）。观众厅跨度越大，两侧角不宜设置座位的面积就越大。而观众厅后部，又没有充分利用水平控制角范围设置座位。矩形观众厅与相同容量的扇形观众厅相比，最远视距明显加长。但是矩形平面结构施工比较简单，中小型矩形平面的

声场分析比较均匀，若建造规模较大的矩形平面则需采取措施，防止产生回声。因此，矩形平面较为适宜中小型规模的影院和剧院。在实践中，常常把矩形平面前端两侧角切去，做成斜侧墙构成声音反射面。利用其上部空间作耳光室，既提高了观众厅面积的利用率，又保留了矩形平面形式的优点。这是目前许多剧院、电影院采用较多的平面形式。

（2）钟形观众厅。两侧墙为曲面，

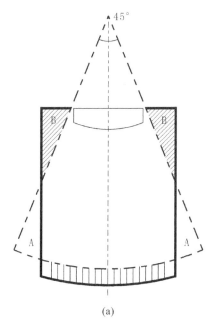

(a)

(b)

图 6-28 矩形剧院视觉分析

耳光室是舞台两侧的小房间，用来投射灯光，因为是从侧面投射的所以叫耳光。在正面投射的就叫面光，一般面光都吊在马道上的，耳光因为有高度要求，所以耳光室会有2～3层。

后墙结合座位的排列也为弧形，曲率半径与座位排列曲率相同（图6-29）。这种平面形式接近扇形，但后部两角偏座较少，因此，在容量相同的情况下，最远视距会比扇形观众厅要大。结构上因为前后跨度变化不大，可以作为矩形处理，比较经济。北京天桥剧院的观众厅即为钟形平面。

（3）扇形观众厅。两侧墙的夹角一般在35°～45°之间。这种平面形式可以充分利用水平控制角范围安排观众座位，在容量相同情况下，最远视距比矩形、

钟形平面要近，常常用于大中型的观众厅（图6-30）。但是每排观众数随视距的加大而增多，后排所占全部座位的比例较大，如果规模很大，则后排两角的座位又偏又远，视觉质量较差。因此，在满足容量要求的前提下，可以切去两个后角。两侧墙夹角大于45°的扇形观众厅会出现过偏座位，实践中较少采用。由于扇形观众厅的跨度是不等的，因此结构和施工都比较复杂。

（4）圆形平面。在剧院规模较大时，

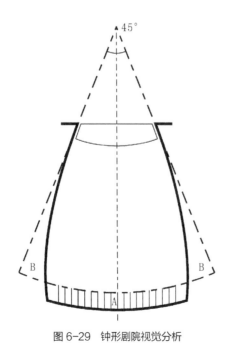

图6-29　钟形剧院视觉分析

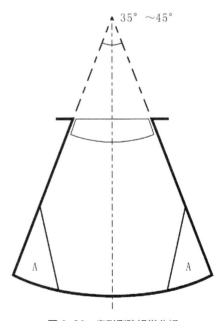

图6-30　扇形剧院视觉分析

圆形平面具有明显的优点。它的视觉质量比较平均，在相同容量下比其他平面形式的最远视距都要近。它的疏散口布置均匀，有利于人流疏散，从材料和结构上来说都比较经济。但圆形平面与矩形比赛场地不协调，音响处理复杂。

第三节
交通疏散设计

一、交通疏散设计概述

疏散设计是指建筑物内部与外部交通联系的设计。合理的疏散设计可以使观众在发生意外或紧急情况时能够安全、迅速地离开建筑物（图6-31）。交通疏散一般分为两种情况。

1. 正常疏散

在正常情况下，大量观众退场的过程。

2. 紧急疏散

当发生火灾或其他意外事件时，观众紧急退出建筑物的过程。

紧急疏散关系到观众的人身安全，所以，剧院赛场的疏散设计应以紧急疏散作为出发点。

二、交通疏散设计的要求

大型场馆人流疏散的特点是人流集中、方向一致、行动迟缓，而紧急疏散的要求是安全、迅速。根据这些特点，对疏散设计提出的要求如下。

1. 符合规定的各类建筑物的疏散时间

控制疏散时间是指在紧急疏散情况下，全部观众安全离开建筑物外门所需的

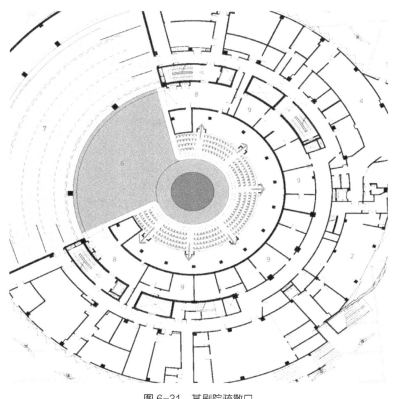

图6-31 某剧院疏散口

极限时间，它是由建筑物的规模、性质及耐火等级决定的。按我国《建筑设计防火规范》（GB 50016—2006）的条文说明，我国场馆类公共建筑的控制疏散时间记述如下。

（1）剧院、电影院、礼堂、观众厅。在一、二级耐火等级建筑中，观众出观众厅控制疏散时间是按 2 min 考虑的；在三级耐火等级的剧院、电影院等观众厅的控制疏散时间是按 1.5 min 考虑的。

（2）体育馆观众厅。在一、二级耐火等级的体育馆中，观众退出观众厅的控制疏散时间是按 3 ~ 4 min 考虑的。

2. 简捷、通畅的疏散路线

疏散路线必须简捷通畅，避免曲折、隐蔽的路线，以免影响人流速度或增加疏散路程。一般情况下观众席区的疏散通道应直接与疏散口相通。在多层看台的场馆中，上下层疏散楼梯应尽可能垂直布置在同一位置；在容纳人数较多的场馆中，可以采用分区疏散的办法，避免人流交叉拥挤。

3. 合适的疏散口大小及分布

为了保证场馆内全部观众在控制疏散时间内安全离开建筑物，疏散口必须有足够的数量和宽度。剧院中每 250 人必须设 1 个安全疏散口；体育馆中每 400 ~ 700 人须设 1 个安全疏散口。疏散口的分布应使各疏散口的人流负荷大致均匀，每个疏散口的宽度最好是单股人流宽度（550 ~ 600 mm）的倍数，且一般 1.5 ~ 1.8 m。为了避免人流的聚集，下一道疏散口和疏散通道的宽度应不小于上一道疏散口及通道的宽度。

4. 安全

紧急疏散不仅要求观众在控制疏散时间以内离开建筑物，而且要保证在疏散过程中的安全，避免因人流拥挤混乱产生事故。所以，在疏散设计中，除了应保证疏散通道、座位的排距及宽度的尺寸外，还需考虑以下问题。

（1）太平门及主要疏散通道应设置紧急事故照明。

（2）太平门必须顺着人流疏散的方向开启，应装有自动开门设置，不得设置门槛或突出物，不得采用两侧推拉门、旋转门及升降式门。

（3）疏散口与通道地面如有高差，应作斜坡，避免踏步楼梯。

三、入场及疏散的几种处理方式

场馆类建筑的疏散设计原则及要求都是一样的，但由于不同类型的场馆其使用功能上存在差别，也导致入场及疏散处理方式上有所不同。

1. 剧院

剧院的演出一般都是单场次的，在演出过程中，安排有幕间休息，因此，在观众厅的两侧及前部通常设置休息厅（图6-32、图6-33）。剧院的疏散特点是入口同时可兼作疏散口用，观众厅疏散口一般不是直接通到室外，观众要经过两侧休息厅及门厅才到达室外，因此通常有两道疏散口。

根据这些特点，在典型的剧院中，观众一般可以向三个方向疏散。当第二道疏散口（外门）的通行能力小于第一道疏散口（观众厅太平门）时，休息厅和门厅可

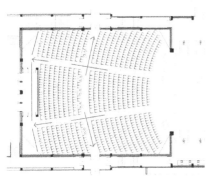

图 6-32　剧院疏散方向

图 6-33　剧院内部图

作为人流聚集的停留地。在规模较大的剧院中，它的面积应根据人流聚集数量进行核算。

观众厅内座位的布置与排列方法对疏散也有影响。当采用短排法时，整个观众席位被纵横过道分为几个区域，通常也称为岛式布置（图 6-34）。当座位两侧为通道时，每排座位数不超过 22 座，排距可以略小（800 ~ 650 mm），若前后排距大于 900 mm，可增到 50 个。

疏散口最好与纵横过道直接连通，这样，疏散通道多，便于观众分区疏散，而且观众可以自动调节各疏散口的人流密度，使各疏散口的负荷比较均匀，但从视线角度上看，却损失了不少视线良好的座位。纵横过道的数量应视剧院的规模及观众厅的尺寸而定。

采用长排法时，在观众席区以内不设纵横过道，所以又称大陆式布置，每排的座位数不超过 50 座，排距要略大些（900 ~ 1150 mm）。这种排列方式，观众集中在两侧纵过道疏散。它与短排法比较，争取了一些视线良好的座位，但观众进出座位不便，影响疏散速度。由于每排座位数的限制，它比较适宜于规模不大的剧院。

当观众厅采用挑台式楼座时，楼座

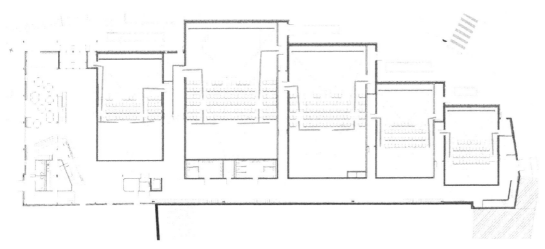

图 6-34　短排法疏散通道

疏散设计由于其关乎人身生命安全成为建筑设计中不可忽视的一部分，从而渐渐引起了人们的关注。

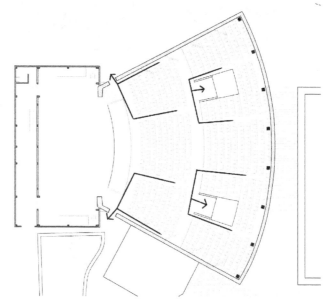

图 6-35　楼座疏散通道

图 6-36　影院内部效果

的观众由专用楼梯或斜坡疏散到每层的休息廊，然后经大楼梯集中到门厅出口，或者由专用疏散楼梯，直接通到室外（图6-35）。楼座观众在散场时，一般很自然向下走，楼座的疏散口多设在挑台的前部两侧，并相应设置纵横过道，把人流引向各疏散口和楼梯出口（图6-36）。

2. 电影院

电影院放映电影一般是连续多场次，间歇时间很短，在每场放映过程中没有场间休息，因此在疏散处理上与剧院有所不同。等候入场人流与散场人流必须分开，因此入口与疏散口也必须分开；观众厅疏散口直接通向室外，仅有两道疏散口，因此不存在人流聚集问题，可以大大减少门厅、侧厅的面积。

电影院观众厅入口的布置影响着疏散口的方向及位置，一般有下列几种情况：

图 6-37　疏散口在银幕两侧

（1）入口面对银幕。这是我国电影院最常采用的方式，疏散口设在一侧或两侧（图 6-37）。

（2）入口在银幕一端。由于习惯，在我国这种方式采用得不多。疏散口也设在一侧或两侧。

（3）入口在侧墙。这往往是受地段等条件的限制而采取的方式，疏散口设在另一侧墙。当观众席位采取长排法时，这种入口与疏散口的布置比较适合。

3. 体育馆

通常情况下，体育馆容纳的观众人数远多于影剧院。大型体育馆一般要容纳 1 万～2 万名观众，疏散问题比较突出。体育馆在使用功能方面有如下特点。

（1）比赛场次不是连续的，入口与疏散口可以合用，并应在观众厅周围设置一定面积的休息厅。

（2）观众席位一般沿比赛场地四周布置，因此，观众可以向四个方向疏散。当规模较大时，可以分区入场，分区疏散，分区出场。

观众厅看台的形式有一坡式和楼座式之分。采用一坡式看台，观众出入口可以布置在看台的前部、中部及后部，一般以中部为多，以保证观众入场和疏散时的路程最短。当规模较大时，也可分两层或三层设置。出入口设在看台后部，虽然可以争取较多视线良好的座位，但增加观众登高路程，对疏散不利，一般在小型体育馆或利用地形的条件下可以采用。

在楼座式看台中，楼座观众经专用楼梯疏散到休息厅后集中出入。这种方式虽然增加了部分观众的登高路程，但便于组织有秩序的疏散。加上楼座式看台可以争取更多视线良好的座位，有利于看台下部空间的利用，与同规模的一坡式看台比较，可以缩短最远视距，减小结构跨度，所以近年来，一些大型体育馆多采用这种看台方式。

著名建筑赏析

冬宫

冬宫是俄罗斯国家博物馆艾尔米塔什博物馆的"六宫殿建筑群"中的一个宫殿

图 6-38 冬宫

（图 6-38）。它坐落于圣彼得堡宫殿广场上，原为俄罗斯帝国沙皇的皇宫，十月革命后辟为圣彼得堡国立艾尔米塔什博物馆的一部分。它是 18 世纪中叶俄罗斯新古典主义建筑的杰出典范，艾尔米塔什博物馆与伦敦的大英博物馆、巴黎的罗浮宫、纽约的大都会艺术博物馆一起，称为世界四大博物馆。该馆最早是俄罗斯女皇叶卡捷琳娜二世的私人博物馆。该宫由意大利著名建筑师拉斯特雷利设计，是 18 世纪中叶俄国巴洛克式建筑的杰出典范，初建于 1754—1762 年，1837 年被大火焚毁，1838—1839 年重建，第二次世界大战期间又遭到破坏，战后修复。这是一座三层楼房，长约 230 m，宽 140 m，高 22 m，呈封闭式长方形，占地约 90000 m²，建筑面积超过 46000 m²。最初冬宫共有 1050 个

房间、117 个阶梯、1886 扇门、1945 个窗户，飞檐总长近 2000 m。冬宫的四面各具特色，但内部设计和装饰风格则严格统一。

第四节
案例分析——悉尼歌剧院

一、建筑概况

悉尼歌剧院位于悉尼市区北部，是悉尼市地标建筑物，由丹麦建筑师约恩·乌松设计。它具有贝壳形屋顶，下方是结合剧院和厅室功能的水上综合建筑。歌剧院内部建筑结构则是仿效玛雅文化和阿兹特克神庙。该建筑 1959 年 3 月开始动工，于 1973 年 10 月 20 日正式竣工交付使用，共耗时 14 年。悉尼歌剧院是 20 世纪澳

图 6-39 悉尼歌剧院

大利亚最具特色的建筑之一，2007 年被联合国教科文组织评为世界文化遗产（图6-39）。

二、建筑细部

悉尼歌剧院整个建筑占地约 1.84 公顷，长约 183 m，宽约 118 m，高约 67 m，相当于 20 层楼的高度。悉尼歌剧院的外观为三组巨大的壳片，耸立在南北长约 186 m、东西最宽处约为 97 m 的现浇钢筋混凝土结构的基座上。第一组壳片在地段西侧，四对壳片成串排列，三对朝北，一对朝南，内部是大音乐厅。第二组在地段东侧，与第一组大致平行，形式相同而规模略小，为歌剧厅。第三组在西南方，规模最小，由两对壳片组成，里面是餐厅。其他房间都巧妙地布置在基座内。整个建筑群的入口在南端，有宽 97 m 的大台阶。悉尼歌剧院坐落在悉尼港湾，三面临水，环境开阔，以富有特色的建筑设计闻名于世，它的外形像三个三角形翘首于海边，屋顶是白色的，形状犹如贝壳，因而有"翘首遐观的恬静修女"之美称（图6-40）。

歌剧院整个分为三个部分：歌剧厅、音乐厅和贝尼朗餐厅。歌剧厅、音乐厅及餐厅并排而立，建在巨型花岗岩石基座上，各由 4 块巍峨的大壳顶组成。这些大壳顶依次排列，前三个一个盖着一个，面向海湾依抱，最后一个则背向海湾而立，看上去很像是两组打开倒放的蚌壳。高低不一的尖顶壳，外表用白格子釉瓷铺盖，在阳光照映下，远远望去，既像竖立着的贝壳，又像两艘巨型白色帆船，飘扬在蔚蓝色的海面上，故有"船帆屋顶剧院"

之称。那贝壳形尖屋顶，是由2194块每块重15.3吨的弯曲形混凝土预制件，用钢缆拉紧拼成的，外表覆盖着约1050000块白色或奶油色的瓷砖（图6-41）。

三、设计理念

1956年，丹麦38岁的年轻建筑设计师约恩·乌松看到了澳大利亚政府向海外征集悉尼歌剧院设计方案的广告。虽然对远在天边的悉尼一无所知，但是他从小在海滨渔村的生活经验激发了他的灵感，完成了这一设计方案。按他后来的解释，

他设计的形象既非风帆，也不是贝壳，而是切开的橘子瓣，但是他对前两个比喻也非常满意。当他寄出自己的设计方案时，并没想到自己的设计方案将在异域的南半球实施。但在建造过程中，改组后的澳大利亚新政府与约恩·乌松失和，使这位伟大的设计师于1966年愤然离开了澳大利亚。2008年11月29日约恩·乌松在丹麦去世，享年90岁。然而令人遗憾的是，这位悉尼歌剧院的设计大师在他生前未能亲眼看过自己的杰作（图6-42、图6-43）。

图 6-40　歌剧院夜景

图 6-41　歌剧院局部

图 6-42　建筑外部细节

图 6-43　歌剧院外部

思考与练习

1. 剧院对音质有哪些要求?

2. 影响音质的因素有哪些?

3. 不同形态的剧院对音效有哪些影响?

4. 影剧院等场馆对视线有哪些要求?

5. 如何确定场馆的 C 值?

6. 如何设置一个短排观众厅的疏散口?

7. 根据本章内容对一个场馆进行分析并完成不少于 800 字的分析报告。

8. 根据所学内容, 自己设计一个场馆的观众厅并绘制平面图和剖面图。

第七章
建筑设计案例赏析

学习难度：☆☆☆★★

重点概念：建筑的形式、材料、功能选择

章节导读

设计的目的是解决问题。学习建筑设计的目的是有效地解决与建筑相关的一系列问题。建筑的问题主要分为两个类型：基本类型与相关类型。对于初学者来说，首先要关注的是建筑的基本问题，即建造什么、在哪里建造、怎么样建造。为了能让初学者更好地理解建筑问题，在这一章节我们将赏析一系列案例，以此帮助初学者理解建筑，加深对建筑的理解。

著名建筑赏析

独立会堂

独立会堂兴建于1732年，由于当时的地方政府采取边建设边投资的政策，因此直到1753年，才宣告竣工。它由当时绰号为"精明的律师"的安迪·哈密尔顿审查设计并担保完成的（图7-1、图7-2）。

独立会堂是一座带有尖顶的气度平和的砖式建筑，在原来的设计中，尖顶里放一口重约943千克的大钟。不幸的是，这口钟裂过两次，它现在放置于地面的一个特制的防护棚中。尖顶中放置的仅仅是这口钟的复制品。独立会堂的重要意义不仅仅在于它的建筑设计，而且在于它是美国民主政治制度的重要文件的起草和讨论场所。从 1790 年至 1800 年，费城是美国的首都，而独立会堂作为美国联邦政府所在地见证了美国独立史中发生的所有重大事件。1787 年夏天，华盛顿、富兰克林、麦迪逊、汉密尔顿等 55 位代表在独立会堂召开制定宪法的会议，起草并通过了联邦宪法，确立美国是一个联邦制国家。

图 7-1　费城独立会堂

图 7-2　独立会堂正面

第一节
赫尔辛基大学图书馆

赫尔辛基大学，位于芬兰赫尔辛基卫星城埃斯波的奥塔涅米，是芬兰顶尖的理工科国立大学。赫尔辛基大学于1849年成立于赫尔辛基市区，1908年升级为大学。1966年迁来现址。目前有246位教授以及超过15000名注册学生。2008年1月1日，学校进行结构调整，重组之后学校现设立4个学部，包括化学与材料科学学院，电子、通信及自动化学院，工程及建筑学院，信息及自然科学学院，下辖25个系以及若干个独立单元。

赫尔辛基大学图书馆坐落于市中心重要历史街区，分为地上七层、地下四层，总面积32000 m^2。一层和地下层用于商业，并和道路相连。图书馆的立面采用玻璃和红砖作为主要材料（图7-3、图7-4）。建筑的地上部分内部中间有一个椭圆形的开放空间。这个建筑通过其弧线形的砖立面构成完整的街区边界，并和毗邻的建筑一起形成沿街立面。建筑具有密集的窗网，这使得标准层楼层间的间隔变得模糊。建筑立面上线条的对比十分强烈，周围网格的直与靠左侧的曲线给人以强烈的视觉冲击，椭圆形曲线的柔与网格直线的刚使立面刚柔并济，从而使整栋建筑看上去不单一、不死板。

建筑的地上部分内部中间有一个椭圆形的开放空间，让图书馆的外观显得特别。图书馆的立面采用了玻璃和红砖作为主要材料，玻璃幕墙的运用使得图书馆的上部与天空融为一体，同时也增加了室内采光（图7-5、图7-6）。整个立面虚实结合，

图7-3　赫尔辛基大学图书馆

图7-4 图书馆正面

图7-5 图书馆夜景

图7-6 图书馆外景

图7-7 图书馆局部

让人印象深刻。

赫尔辛基大学图书馆内部的一个特点就是立面的凹凸对比。这样的设计丰富了立面上的变化，加强了光影关系，形成了一定的节奏韵律。门口的凹凸设计使图书馆的入口更为突出，形成了一个门洞，入口部分的灰色空间由此形成（图7-7）。

第二节
本福寺水御堂

真言宗本福寺水御堂建于1991年，位于日本兵库县南部淡路岛，兴建于古建筑本福寺后面的山丘之上。建筑物地上层是一座莲花池（图7-8），地底下是一座

图 7-8　莲花池全景

神寺，整栋建筑物透过清水模面墙由上倾斜而下。要到达水御堂，需要经过旧庙，沿满眼苍翠的路径往上走，便到达一片铺满白色碎石的开阔地带，穿过一堵直面混凝土墙，再绕过一堵曲面混凝土墙，就会见到一个椭圆形的莲花池（图 7-9）。水御堂其实藏在莲花池之下，要进入建筑物，需要从莲花池中央的楼梯拾级而下。常见的宗教建筑大多是向上走，以表达宗教修养的提升和对上天的接近；反观水御堂的设计，在莲花池的包围中慢慢进入庙宇，其实有洗涤心灵的意味。莲花池畔宁静中带有禅意，神寺里又透露出一股不可侵犯的庄严。在到达楼梯底部之后，便进入一个完全不同的世界。颜色和光线与外面完全不同，走过一段带有神秘感的通道之后（图 7-10），就会进入大殿。从外面

看，大殿建筑物的墙呈圆形；但室内的柱列和内部墙壁则呈正方形。室内的光线与外面成强烈对比，整个大殿呈红色，虽然这种颜色在庙宇中极为常见，不过通常会与其他颜色混用，如此纯粹地只使用一种颜色却并不多见。佛像朝东，斜阳从西方佛像背后透出，把长长的影子投在地上，更加深了宗教的氛围。独特而神秘的气氛，把人们从日常的烦嚣中升华出来。

水御堂由地上部分入口引导空间和半埋入地下的椭圆形建筑空间两部分组成。入口引导空间包括一片直线墙体和一片曲面墙体，以及这两片墙体所限定的空间（图 7-11）。圆形的建筑主体包括建筑顶部的椭圆形水池和水池底部的水御堂正厅，水御堂与本福寺的朝向基本一致。这样的设计在丰富并改善了山顶的面貌的同

图 7-9　莲花池局部

图 7-10　通道

(a)   (b)   (c)

图 7-11　水御堂内部

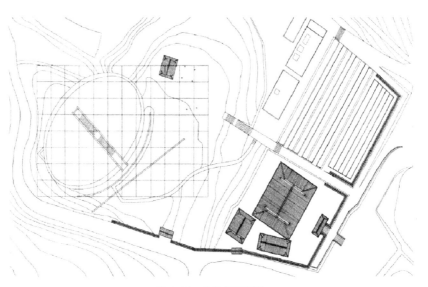

图 7-12　水御堂平面图

时，强调了山顶的高度，衬托了草木的丰茂。莲花池水以其宁静和清透柔化了山的刚毅，莲花则代表生生不息的精神，两者相映深化了整个场景的深层思想。

设计者安藤忠雄的理念是设计师主要的任务是创造建筑空间以供人体验。他认为建筑物应该做到三个要求：利用大自然、利用几何学和展现材料的本质。安藤通过对天、水、光三个自然元素的充分把握和运用，展现出建筑的不同风采，给观者营造了丰富的空间体验（图 7-12）。

第三节
盖尔达·阿利耶夫文化中心

由著名建筑师扎哈·哈迪德设计的盖尔达·阿利耶夫文化中心正式完工，后举办了"微型阿塞拜疆"展览，展出了一系列阿塞拜疆建筑小模型。这座建筑象征民主哲学思想，代表阿塞拜疆第三任总统、新阿塞拜疆党和阿塞拜疆苏维埃社会主义共和国前领导人盖尔达·阿利耶夫的政治和经济改革。这座文化中心已经成为该地区重要的地标性建筑。在视觉上，该建筑拥有卷曲并向上飙升的白色曲线形态，逐渐变厚的层叠曲线为入口空间提供了自然光照，内部设有展厅等功能空间，展示了阿塞拜疆的历史、语言和文明。这座建筑已经成为阿塞拜疆首都巴库的重要地标（图7-13）。

盖尔达·阿利耶夫文化中心呈现一种流体外形，由地理地形自然延伸、堆叠而出，并盘卷出各个独立功能区域（图7-14～图7-16）。所有功能区域以及出入口，均在单一、连续的建筑物表面，由不同的褶皱堆叠呈现。这种流线的堆叠有机地连接了各个独立功能区，与此同时，不同的褶皱形状也赋予每个功能区以高度的视觉识别性和空间区隔性（图7-17～图7-19）。在建筑物的内表面，设计师还赋予了一种侵蚀相差的视觉呈现，作为室内的别致景观。建筑使用了12027块复合面板，创造了一个90 km长的带金属顶梁的表皮——形成了并列复合的三角形、

177

图 7-13 盖尔达·阿利耶夫文化中心

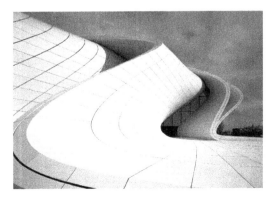

图 7-14 外部细节

图 7-15 盖尔达·阿利耶夫文化中心全景

(a)

(b)

图 7-16　局部外形

图 7-17　内部剧院

图 7-18　剧院细部

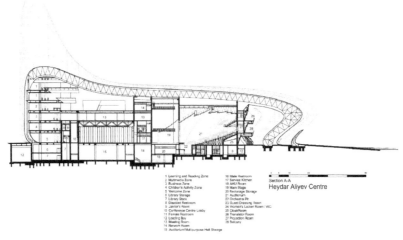

图 7-19　盖尔达·阿利耶夫文化中心剖面图

梯形和平行四边形的形式语言。屋顶下方是一个 40000 m² 的蜿蜒的空间网络，有一个洞穴式的报告厅和五层的自然光展厅。两个装饰性水池和一座人工湖构成了广场空间，同时还作为公共讨论区被菱形的绿色景观划分、切割。这是一座横贯古今的建筑，同时用冲入云霄和直达地面的建筑形态来提升和强调这个场地的现代性。

第四节
瓦伦西亚艺术科学城

艺术科学城是西班牙巴伦西亚突利亚河干、河床上 5 个地区的总称。西班牙瓦伦西亚的艺术科学城由当地著名建筑师圣地亚哥·卡拉特拉瓦所设计，建筑在流经瓦伦西亚市的杜利亚河床上。杜利亚河曾经因为泛滥，早已被引导到城外。原来河流所在位置的河床，现在被建设成艺术科学城及其他项目，成为当地居民休闲运动的好去处（图 7-20）。

提起西班牙建筑师圣地亚哥·卡拉特拉瓦，人们很容易想到他设计的特殊的以结构表现为特征的建筑形式。西班牙瓦伦西亚的艺术科学城即是卡拉特拉瓦所设计的大规模建筑群。艺术科学城由三个部分组成——天文馆（图 7-21）、菲利佩王子科学馆、索菲娅王后艺术馆。项目东侧

 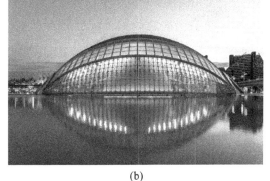

(a)　　　　　　　　　　　　　(b)

图 7-20　艺术科学城夜景

图 7-21　天文馆

图 7-22　索菲娅王后艺术馆局部

图 7-23　索菲娅王后艺术馆

为海洋公园，为著名的西班牙结构兼建筑工程师菲利克斯·坎德拉设计。

从建筑组群东侧看科学馆、天文馆、艺术馆，卡拉特拉瓦设计的结构明显区别于其他建筑师的结构。从他的作品来看，他的设计灵感多来源于自然，比如，植物根茎、动物骨骼、羽毛等等。

从建筑上来说，索菲娅王后艺术馆于 2005 年建成，内部有 4 个表演区，能表演交响乐、芭蕾舞和戏剧等，也可作为露天演出场所。建筑主要由两片不完整的薄壳覆盖，远看有点古怪，令人联想起不知名的海洋生物或者是外星来物（图7-22、图 7-23）。

旁边的菲利佩王子科学馆体量巨大，长度达 241 m，宽度达 104 m，设计灵感更像是来源于动物的骨骼（图 7-24、图7-25）。

著名建筑赏析

新天鹅堡

新天鹅堡，全名新天鹅石城堡，是19 世纪晚期的建筑，位于德国巴伐利亚西南方。它邻近年代较早的高天鹅堡（又称旧天鹅堡），距离菲森镇约 4 公里，离德国与奥地利边界不远。新天鹅堡是德国的象征，由于是迪士尼城堡的原型，也有人叫它"灰姑娘城堡"，建于 1869 年。这座城堡是巴伐利亚国王路德维希二世

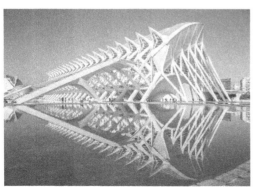

图 7-24　菲利佩王子科学馆全景

图 7-25　菲利佩王子科学馆局部

的行宫之一，共有 360 个房间，其中只有 14 个房间依照设计完工，其他的 346 个房间则因为国王在 1886 年逝世而未能完成。新天鹅堡是德国境内被拍照最多的建筑物，也是最受欢迎的旅游景点之一（图 7-26、图 7-27）。

图 7-26　新天鹅堡夏景

图 7-27　新天鹅堡冬景

参考文献
References

[1]   [美] 法雷利 (著)，肖彦，姜珉 (译). 国际建筑设计教程 . 建筑设计基础教程 (第二版)
       [M]. 大连：大连理工大学出版社，2013.

[2]   姚美康 . 建筑设计基础 [M]. 北京：北京交通大学出版社，2007.

[3]   颜宏亮 . 建筑构造 [M]. 上海：同济大学出版社，2010.

[4]   田学哲 . 建筑初步 [M]. 3 版 . 北京：中国建筑工业出版社，2010.

[5]   [美] 安布罗斯 (著)，陈国兴 (译). 建筑基础简化设计 (原第 2 版)[M]. 北京：水利
       水电出版社，2015.

[6]   褚冬竹 . 开始设计 [M]. 北京：机械工业出版社，2007.

[7]   丁沃沃，刘铨 . 建筑设计基础 [M]. 北京：中国建筑工业出版社，2014.

[8]   [荷] 赫曼·赫茨伯格 . 建筑学教程：设计原理 [M]. 天津：天津大学出版社，
       2003.

[9]   鲍家声 . 建筑设计教程 [M]. 北京：中国建筑工业出版社，2010.

[10]   杨金鹏，曹颖 . 建筑设计起点与过程 [M]. 武汉：华中科技大学出版社，2009.

[11]   潘谷西 . 中国建筑史 [M]. 7 版 . 北京：中国建筑工业出版社 .2015.

[12]   刘昭如 . 建筑构造设计基础 [M]. 2 版 . 北京：科学出版社，2016.

[13]   鲁一平，朱向军，周刃荒 . 建筑设计 [M]. 北京：中国建筑工业出版社，1992.

[14]   陈志华 . 外国建筑史 [M]. 4 版 . 北京：中国建筑工业出版社，2010.

附　图

附图 1

附图 3

附图 2

附图 4

184

(a) (b)

附图 5

附图 6

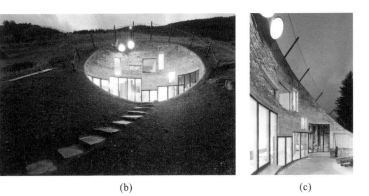

(a)   (b)   (c)

附图 7

(a)   (b)   (c)

附图 8

(a)   (b)

附图 9

附图 10

(a)

(b)

附图 11

附图 12

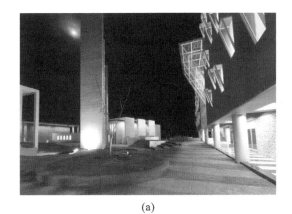

(a)

(b)

附图 13

附图 14

附图 15

(a)

(b)

附图 16

附图 17

附图 18

(a)

(b)

附图 19

附图 20

附图 21

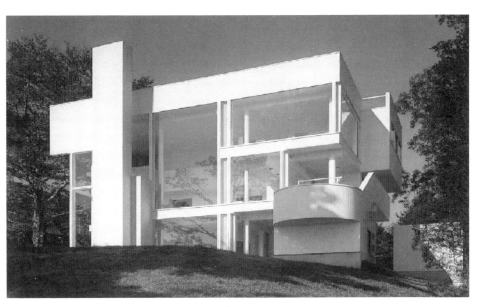

附图 22

附图 23

附图 24

附图 25

附图 26

附图 27

附图 28

(a)

(b)

附图 29

附图 30

附图 31

附图 32

196

附图33

附图34

附图 35

附图 36